计算机网络实验教程

罗艳碧　主编

电子科技大学出版社
University of Electronic Science and Technology of China Press
·成都·

图书在版编目（CIP）数据

计算机网络实验教程 / 罗艳碧主编. — 成都：电子科技大学出版社, 2021.5

ISBN 978-7-5647-9034-9

Ⅰ.①计… Ⅱ.①罗… Ⅲ.①计算机网络–高等学校–教材 Ⅳ.①TP393

中国版本图书馆CIP数据核字（2021）第137794号

计算机网络实验教程

罗艳碧　主编

策划编辑　　李述娜　杜　倩

责任编辑　　李述娜

出版发行　　电子科技大学出版社
　　　　　　成都市一环路东一段159号电子信息产业大厦九楼　邮编　610051
主　　页　　www.uestcp.com.cn
服务电话　　028-83203399
邮购电话　　028-83201495

印　　刷　　石家庄汇展印刷有限公司
成品尺寸　　170mm×240mm
印　　张　　12.25
字　　数　　226千字
版　　次　　2021年5月第1版
印　　次　　2023年1月第2次印刷
书　　号　　ISBN 978-7-5647-9034-9
定　　价　　78.00元

版权所有，侵权必究

P 前 言
REFACE

21 世纪是信息时代，计算机网络是信息传输的重要手段，掌握计算机网络技术是信息时代相关行业从业人员的基本要求。本书在介绍计算机网络基本理论的基础上，从计算机网络工程实践角度出发，针对计算机网络从业人员需要掌握的基本技能设置了十二个实验，兼具理论性和实用性。

按照计算机网络体系结构从下至上的顺序，本书设置了四章内容。第一章为计算机网络传输介质，设置了两个实验，分别是网线制作与测试和光纤熔接实验。网线和光纤是现在最常用的两种计算机网络传输介质。网线的制作和光纤熔接是计算机网络从业人员要掌握的基本技能，线路的质量直接影响着网络信号的传输，对网络通信性能起到至关重要的作用。第二章为局域网的组建，设置了四个实验，分别是 Windows 系统常用的网络命令及应用、对等网的组建、交换机基本配置及交换机三层功能配置实验。通过本章实验，要求学生掌握计算机网络中运行 Windows 操作系统的 PC 机常用的网络维护命令和使用方法；对等网组建的方法和网络设置；使用交换机组建局域网的方法和交换机的相关配置；使用交换机的三层功能建立虚拟局域网的方法和交换机的相关配置。第三章为网间互联，设置了四个实验，分别是路由器常用配置、路由器上的 DHCP 协议配置、路由协议配置、ACL 和 NAT 配置实验。通过本章的实验，要求掌握路由器的配置技术、DHCP 的配置方法、静态和动态路由的配置方法，以及 ACL 和 NAT 的配置方法。第四章为网络中的服务器，设置了两个实验，分别是 Windows 服务器的安装与配置——Web 和 DNS、基于 Web 服务的 HTTP 协议分析实验。通过本章的实验，要求掌握使用 VMware 软件建立虚拟服务器的方法；在 Windows Server 操作系统下配置 Web 服务器和 DNS 服务器的方法；使用协议分析软件分析网络数据的方法。

本书作者曾作为网络工程师在计算机网络建设一线工作多年，参与过铁路专用网络建设以及省级计算机网络骨干网、城域网、企业网、小区网络的建设工作。后作为高校计算机网络一线教师，从事教学工作多年，在计算机网络教学中注重理论联系实际，将计算机网络工程中的建设实践经验融入教学中。本书渗透了网络建设中遇到的问题与解决方法，是多年工程和教学经验的结晶。

本书实验内容图文并茂、步骤清晰，且经过多轮实践与修改，最终成书。本书实验使用的 PC 机和服务器运行的是 Windows 系列操作系统，交换机和路由器是目前国内使用最为广泛的华为和 H3C 设备。本书可供高等院校相关专业学生使用，也可供计算机网络爱好者和从业人员参考。

由于编者经验和水平有限，书中难免出现缺点和错误，恳请广大读者批评指正。编者邮箱地址：361301153@qq.com，欢迎指出书中的不足和错误。

罗艳碧

2021 年 1 月

目 录
CONTENT

第一章　计算机网络传输介质

计算机网络的传输介质是计算机网络信号的传输通道，分为导向传输媒体和非导向传输媒体。常用的导向传输媒体有双绞线、光纤和同轴电缆。非导向传输媒体是自由空间。在导向传输媒体中计算机网络信号以电磁波的形式（光波也属于电磁波的一种）沿着传输介质传播，在非导向传输媒体中计算机网络信号以无线电磁波的形式在自由空间中传播。

一、导向传输介质

（一）双绞线

双绞线是最常用的计算机网络导向传输媒体，通常把两根有绝缘保护层的导线按一定的规则相互扭绞在一起（图1-1）。导线绞合可以使两根导线释放的电磁辐射相互抵消，从而减小电磁干扰。公众电话网（PSTN）中使用的双绞线一般做成电缆，一根电缆少则由几对、几十对，多则成百上千对双绞线组成。计算机网络中使用的双绞线缆由四对双绞线组成，在四对双绞线外包裹着绝缘电缆套，形成双绞线电缆。通常将双绞电缆称为双绞线（Unshield Twisted Pair，UTP）。为了提高双绞线的抗干扰能力，四对双绞线外可以用金属丝编织的屏蔽层包裹，再套上绝缘电缆套，形成屏蔽双绞线（Shield Twisted Pair，STP）。如果双绞线缆要布放在室外，为了防止线缆进水，影响通信质量，四对双绞线外部可以包裹上防水层，做成室外防水双绞线。

（a）双绞线　　　　　　（b）屏蔽双绞线　　　　（c）室外防水双绞线

图1-1　双绞线实物图

　　双绞线的生产和制作必须遵循 EIA 和 TIA 发布的 EIA/TIA-568 标准，即《商用建筑物电信布线标准》。EIA/TIA-568-A 标准（IBM 的布线标准）规定了从 1 类线到 5 类线 5 个种类的 UTP 标准。不同类的 UTP，单位长度的绞合次数是不一样的，类别越高的 UTP，单位长度的绞合次数越多，抗干扰能力越强，可实现的网络信号传输带宽越宽。如 3 类线的绞合长度为 7.5 ～ 10cm，而 5 类线的绞合长度为 0.6 ～ 0.85cm，5 类线比 3 类线具有更高的绞合度。5 类线的传输带宽为 100MHz，而 3 类线的传输带宽为 16MHz。在使用双绞线作为传输介质的快速以太网中存在着三个标准：100Base-TX、100Base-T2 和 100Base-T4。其中，100Base-T4 标准要求使用全部的 4 对线进行信号传输，另外两个标准只要求 2 对线。而在快速以太网中最普及的是 100Base-TX 标准。EIA/TIA-568-B 标准（AT&T 布线标准）定义了更多的双绞线类型，类别越高越新，见表 1-1 所列。

表1-1　双绞线类型及性能

双绞线类型	屏蔽方式	性　能	用　途
1 类线（cat 1）	UTP		用于电话语音通信
2 类线（cat 2）	UTP	传输频率为 1MHz，传输速率为 4Mb/s	计算机网络数据
3 类线（cat 3）	UTP	传输频率为 16MHz，传输速率为 10Mb/s	专用于 10BASE-T 以太网络

续　表

双绞线类型	屏蔽方式	性　　能	用　　途
4类线（cat 4）	UTP	传输频率为20MHz，传输速率为16Mb/s	主要用于基于令牌的局域网和10BASE-T/100BASE-T
5类线（cat 5）	UTP	传输频率为100MHz，传输速率达为100Mb/s	用于FDDI快速以太网
超5类线（cat 5e）	UTP	传输频率为100MHz，传输速率也达到100Mb/s，在近端串扰、串扰总和、衰减和信噪比等性能上有较大改进	用于运行快速以太网
6类线（cat 6）	UTP	传输频率可达200～250MHz，最大速率可达到1000Mb/s	用于百兆位快速以太网和千兆位以太网
超6类线（cat 6e）	UTP	传输频率可达200～250MHz，最大速率可达到1000Mb/s，在串扰、衰减和信噪比等方面有较大改善	主要用于千兆网络中
7类线（cat 7）	STP	传输频率至少可达500MHz，传输速率达10Gb/s	万兆位以太网

（二）同轴电缆

同轴电缆的结构比双绞线复杂一些，如图1-2所示，自内向外由铜制芯线（单股实心线或多股绞合线）、绝缘层、金属网状编制层及绝缘保护套组成。铜制芯线一般用于传输信号，网状编织层为屏蔽层，用于屏蔽外界电磁干扰，因此同轴电缆有较好的抗干扰能力，可以传输较高速率的数据，但是造价也相对较高。

图 1-2　同轴电缆实物图

早期的总线型局域网就是以同轴电缆作为网络传输介质的。随着双绞线缆的出现，同轴电缆逐步被取代，而局域网的拓扑结构也由总线型变为星型。现在同轴电缆主要用于 CATV（有线电视网）和 HFC（光纤同轴混合网）的有线电视用户接入。随着 Cable Modem 的出现，用户也可以通过有线电视网络接入 Internet 同轴电缆。

（三）光纤

光纤是光导纤维的简称，是由玻璃或塑料制成的光传导介质。最先提出使用光纤传输通信信号的是高琨教授和 George A. Hockham。光纤细微而脆弱，直径一般只有 8 ～ 100μm，需要封装在塑料保护套中，成缆使用。光纤结构如图 1-3 所示，由纤芯、包层、保护套组成。纤芯和包层的折射率不同，纤芯的折射率高于包层，光信号主要在纤芯中传输。当光线的入射角足够大时，光线会在纤芯和包层的界面上形成全反射。光线在介质交界处不断地全反射，光信号就向前传输，如图 1-3 所示。入户安装时，光纤是以光纤尾纤加上光纤接头的形式接入光设备的。由于光纤非常细也较脆，在室外布设的光纤一般制成光缆。一根光缆少则有 1 根光纤，多则有成百根光纤，中间加有加强芯和填充物，用于增强光纤的机械强度，再加上包带层和外部保护套，就可以达到工程施工的强度要求，如图 1-4 所示。

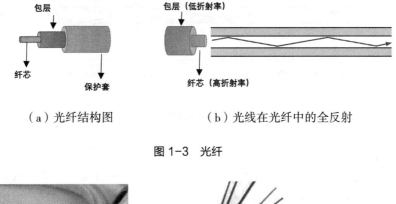

| （a）光纤结构图 | （b）光线在光纤中的全反射 |

图 1-3 光纤

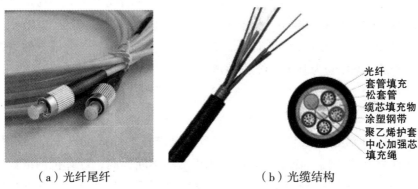

| （a）光纤尾纤 | （b）光缆结构 |

图 1-4 光纤尾纤及光缆结构图

　　按照光信号在光纤中的传输线路，光纤可以分为阶跃型光纤和梯度型光纤。按照光纤中传输的光信号数量，光纤可以分为单模光纤和多模光纤，如图 1-5 所示。多模光纤可以同时传输多路入射角不同的光信号，但是传输信号过程中光脉冲会逐渐展宽，造成失真。因此，多模光纤只适合近距离的信号传输。而单模光纤纤芯较细，只能传输一路光信号，造价较高且不能使用廉价的发光二极管作为光源——单模光纤的光源是较为昂贵的半导体激光器。但是在传输过程中，单模光纤的光信号衰耗少，传输距离长，在不使用中继器的情况下，以 100Gb/s 速率传输信号，可以传输 100km。

　　光纤通信中常使用三个波段的光信号，它们分别是 850nm、1300nm 和 1550nm。这三个波段的带宽均为 25 000 ～ 30 000GHz，通信容量非常大。

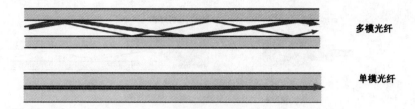

图 1-5　单模光和多模光纤

由于光纤具有传输损耗小、中继线路长、相对铜线造价低、抗电磁干扰能力强、保密性好、体积小、重量轻等特点，逐渐成为主流的通信传输线路。随着各大运营商 FTTH（光纤到户）工程的广泛铺开，截至 2020 年 6 月底，我国光纤接入端口达 8.6 亿个，普及率已达 92.1%，广大用户的宽带接入由原来的 xDSL 变为基于光纤的 PON。

二、非导向传输介质

非导向传输介质是自由空间。信号以电磁波的形式在自由空间进行传播，也称为无线传播。由于社会信息化程度的不断提高，计算机网络数据不仅仅依赖于导向传输介质传播，越来越多的情况下，计算机网络数据信号开始使用无线的方式进行传输。随时、随地、高速的网络信号收、发成为现今网络通信的基本要求，不再受到有线线路的约束。

电磁波信号传播可以使用的频段很广泛。如图 1-6 所示，目前 ITU（国际电联盟）给出的可用于无线信号传输的波段为无线电波段，无线电波段的使用情况见表 1-2 所列。

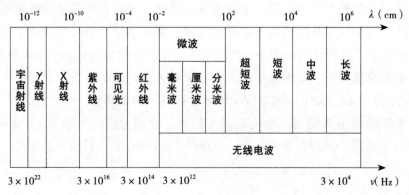

图 1-6　无线电磁波谱

表1-2　无线电磁波频段划分及应用

波段名称		波长范围	频率范围	频段名称	主要传播方式和用途
长波 (LW)		$10^3 \sim 10^4$ m	30 ～ 300kHz	低频（LF）	越洋通信、远距离导航
中波 (MW)		$10^2 \sim 10^3$m	300kHz ～ 3MHz	中频（MF）	船用通信、飞行通信、广播、业余无线电通信、
短波 (SW)		10 ～ 100m	3 ～ 30MHz	高频（HF）	广播、通信
超短波 (VSW)		1 ～ 10m	30 ～ 300MHz	甚高频（VHF）	电视广播、调频广播、雷达
微波	分米波 (USW)	10 ～ 100cm	300MHz ～ 3GHz	特高频（UHF）	通信、中继与卫星通信、电视广播、雷达
	厘米波 (SSW)	1 ～ 10cm	3 ～ 30GHz	超高频（SHF）	中继与卫星通信、雷达
	毫米波 (ESW)	1 ～ 10mm	30 ～ 300GHz	极高频（EHF）	微波通信、雷达

　　微波波段是计算机网络无线信号使用的波段，如 3G、4G 移动互联网使用的波段。5G 数据传输使用的毫米波以及现今被广泛使用的 WIFI 无线局域网信号的 2.4GHz 及 5.8GHz 电磁波也在微波波段内。

　　在现有计算机网络中最常用的导向传输介质是双绞线和光纤，因此本章中设置了两个实验，实验一为网线制作与测试，实验二为光纤熔接，要求通过实验，掌握双绞线的制作规范及制作方法，以及光纤熔接的方法。

实验一　网线制作与测试

一、实验目的

（1）掌握网线制作及测试的方法；

（2）了解信息模块的制作；

二、实验设备

（1）压线钳；

（2）5 类线；

（3）RJ45 水晶头；

（4）网线测试仪。

三、实验原理及内容

双绞线的制作要遵循 EIA/TIA-568-A 和 EIA/TIA-568-B 国际标准。双绞线的结构如图 1-1 所示，通常由四对线组成。绞合起来的一对线中有一根是色线，另外一根是白线，上面有相应的颜色标识。四对线相应的名称为橙、白橙；蓝、白蓝；绿、白绿；棕、白棕。双绞线和网络设备的连接通常采用 RJ45 接头，包括水晶头或信息模块。RJ45 水晶头的外形及结构如图 1-1-1 所示。

（a）RJ45 水晶头实物图

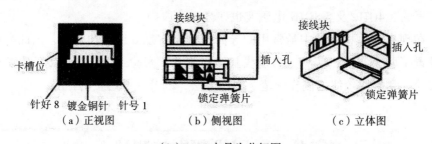

接线块　　　　　　　　接线块

卡槽位　　　　　　　　插入孔　　　　　插入孔

针好 8　镀金铜针　针号 1　　锁定弹簧片　　　锁定弹簧片

（a）正视图　　　（b）侧视图　　　（c）立体图

（b）RJ45 水晶头分解图

图 1-1-1　RJ-45 水晶头

EIA/TIA 制定的布线标准规定了 8 根针脚的编号。RJ45 水晶头的编号顺序为锁定弹簧片向下，插入口对着制作人员，从左至右引脚序号为 1～8。虽然双绞线有 4 对(8 条)芯线，但实际只用到了其中的 4 条，它们分别起着收、发差分信号的作用。为提高信号抗干扰能力，人们通常将 1.2 和 3.6 脚分别接到双绞线的两对通信线上。工程中使用的双绞线线序必须遵循 EIA/TIA-568A 和 EIA/TIA-568B 标准。这两种标准的连接方法见表 1-1-1 所列。

图 1-1-2　双绞线引脚序号

表1-1-1　EIA／TIA-568引脚及线序

引脚	1	2	3	4	5	6	7	8
T568A	白绿	绿	白橙	蓝	白蓝	橙	白棕	棕
T568B	白橙	橙	白绿	蓝	白蓝	绿	白棕	棕

根据双绞线两头接线线序的不同，可以将双绞线分类为直连线、交叉线和全反线。如果双绞线两端的 RJ45 接头制作线序均为 T568B，则称为直连网线。直连网线一般用于不同设备间的连接，如计算机连接光调制解调器、计算机连接交换机、计算机连接无线路由器（AP）、交换机连接路由器等。如果双绞线两端的 RJ45 接头制作线序的一头为 T568B，另外一头为 T568A，则称为交叉网线。交叉网线一般用于连接相同的设备，如两台主机的网卡直接可以使用交叉网线连接，不需要经过任何网络设备转发数据，交换机连接交换机、路由器连接路由器等。可以用一句话来总结：交同直异。还有一种用于网络设备配置时使用的网线称为全反线。全反线用于连接电脑与网络设备的 Console 口，需要 DB25 接头或直接使用串口和电脑连接。全反线的线序一头使用 T568B 的线序，另外一头将 T568B 的 1～8 条线的线序全部反过来，即棕、白棕、绿、白蓝、蓝、白绿、橙、白橙。

常用的网线布线工具如图 1-1-3 所示，包括信息模块、压线钳、打线刀和网线测试仪等。在网线综合布线中，信息模块主要安置在房间的墙壁上，用于网络设备连接。网线和信息模块连接使用的工具是打线刀。压线钳主要用于制作 RJ45 水晶头。网线测试仪用于测试 RJ45 接头制作的网线各条导线的连通性和线序是否正确。本次实验主要学习水晶头的网线制作，了解信息模块制作。

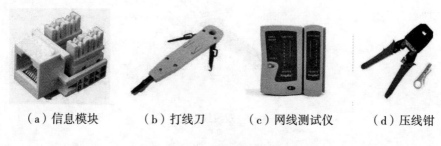

（a）信息模块　　　（b）打线刀　　　（c）网线测试仪　　　（d）压线钳

图 1-1-3　常用网线布线工具

四、实验步骤

（一）剥线

使用剥线钳或裁纸刀将双绞线一端剥去外皮，大约长为 1.2～1.5cm，注意不要损伤里面线对的绝缘套。

（二）理线

将四对双绞线按绞合的相反方向逐一旋开，将 8 条线拉直，按 T568B 标准的线序排列，次序为白橙、橙、白绿、蓝、白蓝、绿、白棕、棕，排列时保证 8 条线平行对齐，尽量减少导线间的交叉和重叠，避免缠绕。仔细检查线序是否正确。

（三）剪线

用压线钳的剪线刀口将平行排列好的 8 条线剪齐，剪口与导线垂直，后插入 RJ45 插头，要插到底。（注意：水晶头的锁定弹簧片面向下，插线口对向制作人员，在水晶头顶部能看到 8 条线顶在顶端。）

（四）压线

在最后一步压线之前，要检查水晶头的顶部，看看是否每一根导线都紧紧地顶在水晶头的上端。确认无误之后就可以把水晶头插入压线钳的 8P 槽内压线了，把水晶头插入后，用力握紧线钳，最好一只手顶着线端，另外一只手压线。用力捏压线钳，之后听到一声轻微的"卡塔"声，说明压线完成。（注意：RJ45 水晶头的制作是一次性的，使用压线钳压线后，如果制作失败，水晶头就无法使用了，所以制作网线水晶头时一定要按照步骤制作，反复确认检查，方可压线。）

（五）检查

压线之后检查水晶头原来凸出在外面的金属针脚是否全部压入水晶头内的导线中，接触是否良好。水晶头下部的塑料扣位也要压紧在网线的绝缘保护层之上，可以用手轻轻拉动，查看是否压紧。

（六）测线

将网线两头的水晶头插入网线测试器中，打开测试器的电源，观察指示灯状态。对于直通双绞线，测线仪两端指示灯（各有 8 个，分别对应双绞线的 8 条线）会依次闪烁，且两端次序应该是一致的。如果有指示灯不亮，则表明其对应的线没有接通。若两端灯的点亮次序不一致，则表明双绞线两端接线次序不一致。（注意，如果测线时发现多根导线不通，经过检查，确认导线线序无误，且都已经到位，可以换个压线钳重新压一下，压线钳不好，也可能会导致压线不到位的情况。）

如果需要制作交叉网线，则只需在排列线序时，网线一端水晶头使用 T568B 线序，另一端水晶头使用 T568A 线序就可以。使用测试仪时，测试仪两列的灯 1.3 对应闪烁，2.6 对应闪烁，说明线序正确。

信息模块的制作相对简单，只需要将网线中的 8 根导线按照信息模块上的线序要求，使用打线刀将导线一根一根打入就可以。

五、实验报告要求

（1）简述 EIA/TIA 双绞线的制作标准。

（2）总结实验心得体会，记录双绞线的制作过程、遇到的问题及解决办法。

六、实验思考题

（1）简述直连网线、交叉网线和全反线的区别，它们分别应用于什么场合？

（2）常用的水晶头有两种，它们分别是 RJ11 和 RJ45，思考它们的区别及应用场合。

实验二 光纤熔接

一、实验目的

（1）学会使用光纤熔接机和相关工具；

（2）熟悉熔接光纤的步骤；

（3）掌握熔接光纤的方法，能独立完成光纤熔接。

二、实验设备及材料

（1）光纤熔接机；

（2）光纤切割刀；

（3）热缩套管；

（4）熔接适配座；

（5）光纤、尾纤；

（6）红光笔。

三、实验原理及内容

光纤具有传输频带宽、通信容量大、损耗低、不受电磁干扰等优点。随着光纤制造技术的进步，光纤制造成本也在降低。近年来，光纤在通信领域得到了更广泛的应用。随着 FTTH 的发展，家庭宽带接入逐步使用了基于光纤的 PON 技术，光纤熔接成为计算机网络布线的一项基本技能。光纤熔接技术的好坏影响光纤的熔接点的熔接损耗值，对光传输衰耗有着直接的影响，因此提高光纤熔接质量，降低熔接损耗是非常重要的。

光纤熔接需要的主要工具及辅助工具有光纤熔接机、光纤切割刀、剥纤钳、热缩套管、酒精、脱脂棉球和卫生纸。辅助工具有十字螺丝刀、红光笔、光纤终端盒、剪刀等。光纤熔纤机在高压电弧的作用下，将光纤两头熔化，同时运用准直原理平缓推进，以实现光纤模场耦合，将光纤和光纤或光纤和尾纤融合在一起，使光信号能在两根光纤之间以极低的损耗传输；也能将光缆中的裸纤和光纤尾纤熔合在一起，变成一个整体。光纤熔接机分为手动光纤熔接机和自动光纤熔接机。由于没有引入计算机技术，光纤熔接损耗大（0.2dB左右），手动光纤熔接机现在已经被淘汰。自动光纤熔接机采用微机控制，损耗降至0.05～0.1dB。加入了热接头图像处理和屏幕显示的自动光纤熔接机，对熔接过程全程自动监测，对摄取的热图形加以分析控制，可以使熔接损耗降至0.02dB以下。光纤切割刀用来制作光纤端面。剥纤钳用来剥去光纤束管和涂敷层。热缩套管放在光纤熔接处，用于保护光纤。酒精棉球用来清理光纤。卫生纸用来清理光纤上的油层。十字螺丝刀用来拆卸终端盒。终端盒用来盘放熔接好的尾纤，起保护作用。剪刀用来剪去光缆和尾纤中的保护丝绒等。红光笔用来测试光纤熔接是否成功。

（a）光纤熔接机　　　　（b）光纤切割刀　　　　（c）辅助工具套装

图1-2-1　光纤熔接工具

四、实验步骤

（一）光纤端面制作

光纤端面制作包括剥覆、清洁和切割三个环节。合格的光纤端面制作是高质量的光纤熔接的第一步。端面制作的三个环节中，切割是一道极为重要的工序。

1.剥覆

剥覆是剥除光纤涂覆层的过程。剥覆前要先用酒精、棉布等工具清洁涂覆层。将热缩套管套在光纤和尾纤上，用剥纤钳去掉光纤及尾纤上的保护层，再用剥纤钳的后端口剥去涂敷层。

注意手法：左手拇指和食指捏紧光纤，使之成水平状，所露长度以4～5cm为宜，余纤在无名指、小拇指之间自然打弯以增加力度，防止打滑。剥纤钳要握得稳，剥纤要快，剥纤钳应与光纤垂直，上方向内倾斜一定角度，然后用钳口轻轻卡住光纤，右手随之用力，顺光纤轴向平推出去，整个过程要自然流畅，一气呵成。

2.清洁

观察光纤及尾纤剥除部分的涂敷层是否全部剥除，若有残留应重剥，如有极少量不易剥的涂敷层，使用沾上酒精的棉球擦拭清洁。将棉花制作成扇形平整小块，沾少许酒精并折成V形，顺着光纤轴向擦拭，力争一次成功。

注意：棉花要及时更换，一般擦拭2～3次后就要更换了。使用棉花的不同部位擦拭光纤的不同层面。

3.切割

将清洁好的光纤及尾纤用光纤切割刀切割。

在切割裸纤时应注意：确认割刀位置推好后再放光纤，光纤要放到V形槽内，涂敷层前段距离切割刀1.2～1.6cm，压紧切割刀的右侧紧固压件；切割时，推刀要果断；切割完成后立即将光纤放到熔纤机中，切割面不要碰任何东西，切割掉的废光纤头要放到安全的地方。

（二）光纤熔接

1.打开熔接机

根据光纤的材料和类型，设置欲熔主电流、时间和光纤送入量等关键参数，预热熔接机。

2.放置光纤

切割好的光纤要立即放到熔纤机中，熔纤机平台要保证洁净，若有灰尘，要用酒精棉球擦拭干净。光纤要放到V形槽内，光纤的前段要平稳，不能翘起，不能超过电极，放好后压下紧固件，盖好防风盖，等另一端尾纤也放好后开始熔接。

3. 熔纤

选择自动熔接，放置好光纤后，按下熔纤按键，光纤熔接机会自动校准，在精确对准后，自动放电熔接并计算熔接损耗。

4. 安装热缩套管

光纤熔接好后，按键复位，打开防风盖，取出熔接好的光纤，把热缩套管放到接头处（注意热缩管一定要包含光纤的保护层），然后放到加热机中，按熔接机上的加热按键，开始自动加热。当加热好后，加热灯熄灭，待热缩管降温定型后在取出。（由于光纤脆弱，拿取光纤的动作要轻柔。）

（三）盘纤

盘纤按照先中间后两端的原则，先将热缩后的套管逐个放置于固定槽中，然后处理两侧余纤。从一端开始盘纤，固定热缩管，然后处理另一侧余纤。根据实际情况，按照余纤长度和预留空间大小，可采用圆形、椭圆形、∞等多种图形盘纤。

（四）测试

使用红光笔中的激光照射光纤纤芯，在另一侧观察到红点时，表示连接成功。使用光纤熔接机自带的接头损耗评估功能测试接头损耗，但测试值可能会有较大差异。此时可以使用光时域反射仪测量接头损耗，较为接近实际损耗值。

光纤熔接接头损耗值是光纤传输信号损耗的重要组成部分，熔接不理想可能会增大损耗，影响光传输质量。影响光纤熔接损耗的主要因素有光纤模场直径不一致，两根光纤芯径失配，纤芯截面不圆，纤芯包层同心度不佳等。其中，光纤模场直径不一致影响最大。因此在熔接光纤过程中，要严格按照操作规范，保持熔纤环境整洁，正确使用熔接机，制作高质量的熔接头。

（五）光纤熔接过程中可能出现的问题

（1）去除涂敷层时力度一定要适中，轻涂敷层不容易去掉，用力过大会把纤芯刮坏；

（2）切割光纤完成后，切割面不要碰任何东西，不要在空气中放置时间过长，立即放到熔纤机中，另一端也要赶紧做好，因为光纤切割端面在空气中暴露时间过长会影响熔接质量；

（3）在切割时推刀要果断迅速，否则会造成端面不平；

（4）在切割完成后，记得盖好防风盖；

（5）光纤放入熔接机中时，光纤不能超过电极，放好后压下紧固件，盖好防风盖，再制作另一端光纤，否则空气中的灰尘可能会落到光纤上，影响实验结果；

（6）套上热缩套管后应该多加小心，避免将光纤折断。

五、实验报告要求

（1）简述光纤熔接的过程。

（2）记录实验中遇到的问题及解决方法。

（3）记录制作好的光纤熔接头的损耗值，并对熔接接头进行评价。

六、实验思考题

思考影响光纤熔接质量的因素，熔接光纤时各个步骤的关键技术是哪些？如何提高光纤熔接接头质量？

第二章　局域网的组建

局域网（Local Area Network，LAN）是覆盖局部区域的计算机网络，一般在几千米范围内，如覆盖一个学校的校园网、一个单位拥有的办公网、一个公司的企业网或一个家庭范围内的网络。局域网是计算机网络的重要组成部分，也是计算机网络应用中最为活跃的部分。局域网使用网络设备和传输介质将网络覆盖范围内的主机、服务器、外围设备连接起来，进行信息处理，完成网络功能。使用局域网技术，可以在局域网内发布和交换信息、共享和管理文件、共享应用软件、共享硬件设备（如打印机）等。局域网的信息传输与处理可以提高办公效率和信息传播速度。

一、局域网的组成

局域网包括主机、传输介质、网络适配器和局域网互联设备。

（一）主机

主机是局域网中处理信息的部分。主机包括个人电脑、智能设备、服务器等。在物联网广泛发展的今天，物联网也成了局域网的一部分，家用电器、摄像头、传感器都可以通过物联网接入局域网中，用于提供网络服务。主机需要安装相应的操作系统 OS 和相关的网络协议，才能进行局域网的通信。常用的计算机操作系统有 Windows、Unix、Linux，它们分为个人版和服务器版，分别用于服务器和个人主机。智能设备主流的操作系统有 Android 和苹果公司的 IOS，以及物联网设备的微型操作系统。这些操作系统都安装支持计算机网络传输的 TCP/IP 协议。

（二）传输介质

局域网中常用的传输介质有双绞线、光纤以及无线传输。由双绞线和光纤组成的是有线局域网，使用无线传输方式的无线局域网（Wireless Local Area Network，WLAN）也成为现今主流的局域网组网方式。

（三）网络适配器

网络适配器是主机与传输介质的接口，也是主机接入局域网的接口，俗称"网卡"。网卡分为有线网卡和无线网卡，分别连接 LAN 和 WLAN。网卡是实现局域网中的物理层和 MAC 层功能的设备，它将计算机内部的数据转换成局域网中的电信号或无线电磁波，实现局域网协议，将数据缓存后进行数据帧的封装和拆封、数据的差错检测及相应的数据控制。

（四）局域网互联设备

常用的局域网互联设备是交换机。交换机的作用是在局域网中连接主机，完成主机间的数据交换。交换机也可以相互连接，完成局域网的扩展。交换机具有"存储转发"的功能，使用了专门的交换结构芯片，通过"自学习"建立帧交换表，使用硬件转发的方式，快速转发局域网中的 MAC 帧。交换机的每个接口都直接与主机或另一台交换机相连，工作在全双工模式下，多对接口可以同时并行传输数据。

根据传输介质和网络类型，交换机分为以太网交换机、FDDI 交换机、ATM 交换机和令牌环交换机等，最常用的是以太网交换机。在局域网组网设计时，采用分层的设计方式，以便于网络管理、扩展和故障排查。局域网一般分为接入层、汇聚层和核心层，如图 2-1 所示，每一层提供特定的功能，在不同的层次选用不同性能的交换机。根据交换机所在的网络层次，交换机可以分为接入层交换机、汇聚交换机和核心交换机。接入层交换机也称为工作组交换机，主要负责接入用户主机，一般采用固定端口的交换机，使用双绞线连接主机，网络速率一般在 100Mbps。同时，接入层交换机要提供 1 ～ 2 个 1000Mbps 的接口，用于连接汇聚层交换机。汇聚层交换机也称为骨干交换机或部门交换机，负责连接楼宇或部门使用的所有接入层交换机。它的作用是汇聚接入层交换机的数据，将其传输给核心层交换机。汇聚层交换机可以是固定接口交换机，也可以是模块化交换机，一般配有光纤接口，用于连接核心层交换机。汇聚层交换机的接口一般采用带宽为 1000bps 的以太网口，具有网管功能，可连接网管服务器。核心层交换机一般位于交换中心，属于高端交换机。通常采用可网管的模块化交换机，是构建高速局域网的骨干设备。根据交换机工作的网络体系结构 OSI/RM 模型的层次，交换机分为二层交换机、三层交换机、四层交换机。二层交换机根据接收到的 MAC 帧中的目的 MAC 地址，通过查找帧转发表来转发数据。转发表是交换机自学习构建的，它对网络协议和用户应用程序完全是透明的。接入层交换机通常全部采用第二层交换机。三层交换机具有第二层交换机的交换功能和第三层路由器的路由功能，交换机使用 VLAN 技术划分虚拟局域网，减小广播对网络性能带来的影响。三层交换机可以使用路由功能，在不同的 VLAN 间交换数据。它根据不同 VLAN 的 IP 地址的网络号进行数据转发。在大中型网络中，核心层交换机通常都由第三层交换机来充当。某些大型网络的汇聚层交换机也可以选用第三层交换机。第四层交换机除了具有二层和三层交换机的功能外，还可以根据接收到的数据报文中的 TCP/UDP 端口号判断数据报文属于哪一个应用层协议，例如，HTTP 协议用于传输 Web，Telnet 协议用于终端通信，SSL 用于安全通信等。四层交换机可以实现第四层的流量控制、服务质量控制和局域网智能化传输等功能，区分具体的应用数据，适应现今基于数据类型的转发交换的新型网络需求。根据交换机的数据传输速率，交换机分为快速以太网交换机、吉比特以太网交换机和 10 吉比特以太网交换机。快速以太网交换机是指交换机所提供的端口或插槽的带宽全部为 100Mbps，通常用于接入层，常用的端口类型为 100Base-T 双绞线端口和 100Base-FX 光纤接口。吉比特以太网交换机也称千兆位以太网交换机，是指交换机提供的端口或插槽的带宽全部为 1000Mbps，通常用于汇聚层或核心层。吉比特以太网交换机的接口类型包括 1000Base-T 双绞线端口、1000Base-SX 光纤接口、1000Base-LX 光纤接口、1000Base-ZX 光纤接口、1000Mbps GBIC 插槽、1000Mbps SFP 插槽。10 吉比特以太网交换机也称万兆位以太网交换机，是指交换机拥有带宽为 10Gbps 的以太网端口或插槽，通常用于大型网络的核心层。10 吉比特以太网交换机接口类型包括 10GBase-T 双绞线端口和 10Gbps SFP 插槽。

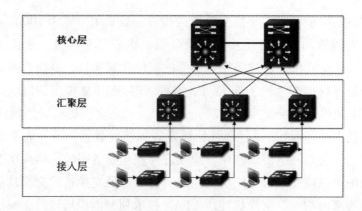

图 2-1　网络层次图

二、实验中使用设备的简介

本章实验主要使用华为 Quidway S3526（简称 S3526）三层交换机。Quidway S3526 是网管交换机，使用存储转发的方式交换数据。支持的网络标准有 IEEE 802.1d、IEEE 802.1w、IEEE 802.1x、IEEE 802.1p、IEEE 802.1Q、IEEE 802.3u、IEEE 802.3x、IEEE 802.3z、IEEE 802.3ad，等等，支持的网络协议有 GMRP、GVRP、OSPF、BGP4.RIP1/2.IGMP、PIM-SM、PIM-DM、VRRP、ARP、ICMP、TCP、UDP、IP、HTTP、DHCP RELAY、Telnet、FTP、SNMP1/2/3.RMON，等等。该交换机可以实现交换机堆叠，并且可以与 H3C 公司的其他交换机混堆，最大可堆叠至 16 台。该交换机支持组播功能，支持 MAC、PORT、IP、VLAN 等的捆绑，支持 MAC 地址表锁定及静态设置，实现对 MAC 帧的控制过滤；具有强大的集群管理，可管理设备 256 台。

（一）前面板

S3526 交换机前面板如图 2-2 所示，依次排列了电源指示灯、24 个固定 10Base-T/100Base-Tx 以太网接口和配置口（Console 口）。

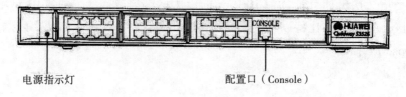

电源指示灯　　　　　　　　　　　　配置口（Console）

图 2-2　华为 Quidway S3526 前面板

（二）前面板指示灯（表2-1）

表2-1　华为Quidway S3526前面板指示灯

指示灯	面板标示	状态	含义
电源指示灯	Power	亮	交换机通电
		灭	交换机断电
10Base-T/100 10Base-Tx 接口指示灯	Link/Active (Orange)	亮	连接正常
		灭	没有连接
		闪烁	发送或接收数据
	Speed (Green)	亮	100Mb 工作模式
		灭	10Mb 工作模式

（三）RJ45 接口属性（表2-2）

表2-2　S3526前面板10Base-T/10010Base-Tx接口属性

属性	S3526 前面板 10Base-T/10010Base-Tx 接口
接口类型	RJ45
接口数量	24
功能	·100Mb 全双工 ·10Mb 全双工 ·MDI、MDI-X 自适应
接口线缆介质与传输距离	5 类双绞线，支持 100m 传输距离

（四）Console 口（配置口）属性

S3526 交换机提供了一个符合 EIA/TIA-323 异步串行规范的配置口（Console），通过这个接口，用户可以完成对交换机的配置。

表2-3　配置口（Console）属性

属性	S3526 前面板 Console 口
接口类型	RJ–45
接口标准	异步 EIA/TIA–323
波特率	9600bit/s
功能	·与字符终端相连 ·与本地或远端（通过一对 Modem 相连）的 PC 串口相连并在 PC 上运行终端仿真程序

三、本章主要的实验内容

如何组建局域网，使得局域网能达到预定的功能，能够安全、稳定地运行，是本章实验主要的学习内容。本章通过四个实验来学习局域网的配置。

实验三　Windows 系统常用的网络命令及应用

一、实验目的

（1）了解 IP 地址、子网掩码、网关等参数的含义及作用；

（2）掌握 Windows 操作系统下 IP 地址、子网掩码、网关等参数的配置方法；

（3）熟悉 Windows 操作系统下的常用网络命令；

（4）掌握 ping 命令的用法及在测试网络连通性时 ping 命令的作用；

（5）熟悉 tracert 命令；

（6）掌握如何使用各网络命令判断网络的运行状态的方法。

二、实验设备

（1）运行 Windows 操作系统的 PC 机。

（2）S3526 交换机

（3）网线。

三、实验原理及内容

Windows 操作系统提供了许多命令，用于网络的配置和管理。网络用户可以通过这些命令进行网络的 TCP/IP 相关参数设置、访问网络、监测网络运行状态、判断网络故障及管理网络（注：所有命令均不区分大小写）。

（一）ipconfig 命令

1.ipconfig 命令

ipconfig 命令在 Windows 操作系统中的作用是显示当前的 TCP/IP 协议的相关配置值。网络管理员可以通过命令返回的信息，检验人工配置的 TCP/IP 设置是否正确，或者主机使用动态主机配置协议 DHCP（Dynamic Host Configuration Protocol）获得的 TCP/IP 配置情况。此命令也可以清空 DNS 缓存（DNS cache）。了解本计算机当前的 IP 地址、子网掩码和缺省网关等 TCP/IP 配置情况是进行网络测试和故障分析的必须要了解的内容。

2.ipconfig 命令参数

ipconfig [/allcompartments] [/? | /all | /renew [adapter] | /release [adapter] | /renew6 [adapter] | /release6 [adapter] |/flushdns | /displaydns | /registerdns | /showclassid adapter | /setclassid adapter [classid] |/showclassid6 adapter | /setclassid6 adapter [classid]

在 DOS 界面下输入"ipconfig / ？"，能获得 ipconfig 命令所有的参数，如图 2-3-1 所示。

图 2-3-1　ipconfig 命令参数

ipconfig /all：显示本机 TCP/IP 配置的详细信息；

ipconfig /release：DHCP 客户端手工释放 IP 地址；

ipconfig /renew：DHCP 客户端手工向服务器刷新请求；

ipconfig /flushdns：清除本地 DNS 缓存内容；

ipconfig /displaydns：显示本地 DNS 内容；

ipconfig /registerdns：DNS 客户端手工向服务器进行注册；

ipconfig /showclassid：显示网络适配器的 DHCP 类别信息；

ipconfig /setclassid：设置网络适配器的 DHCP 类别；

ipconfig /renew "Local Area Connection"：更新"本地连接"适配器的由 DHCP 分配 IP 地址的配置

ipconfig /showclassid Local*：显示名称以 Local 开头的所有适配器的 DHCP 类别 ID；

ipconfig /setclassid "Local Area Connection" TEST：将"本地连接"适配器的 DHCP 类别 ID 设置为 TEST。

（二）ping 命令

PING（Packet Internet Groper）是用于测试网络连接的应用程序。ping 命令是一种应用层直接调用网络层 ICMP（Internet Control Message Protocol）因特网报文控制协议的程序。它将 ICMP 数据封装在网络层 IP 数据包中，向特定主机发送回送请求和回答报文，来测试目的主机是否可达。ping 命令是网络管理、维护和工程人员最常用的一个命令，用于测试网络的连通性和目的主机状态。

1.ping 命令的应用

（1）ping 127.0.0.1——用于测试本主机的 TCP/IP 协议安装或运行是否存在问题。它将数据包发送给本机的 IP 软件。如果 ping 不通，就表示 TCP/IP 的安装或运行存在某些最基本的问题。

（2）ping 本机 IP——用于测试本机的适配器的 IP 配置是否正确，接口是否正常，以及安装是否成功。如果 ping 不通，则表示本地配置或安装存在问题。还可以将网线断开，再执行 ping 命令，此时 ping 通，则表示另一台计算机可能配置了相同的 IP 地址。

（3）ping 局域网内其他 IP——用于测试本机到目的主机数据发送、接收是否正常。执行此命令时，本机 ICMP 协议发送一个请求数据包，数据包通过网卡、网线、交换机到达对方网卡，对方接收到此请求数据包，回送一个应答数据包，发送回给本机。如果本机收到应答报文，表明收、发双方数据通信正常。如果 ping 不通，则说明双方线路连接、适配器安装或协议安装有问题。

（4）ping 网关 IP——用于测试本机到本局域网网关的连通性。如果 ping 通，则说明局域网中的网关路由器运行正常，本机能和网关正常通信。如果 ping 不同，则说明双方线路连接、适配器安装或协议安装有问题。

（5）ping 远程 IP——如果能 ping 通，说明本机发送的 ICMP 数据包经过网关成功发送到了目的主机并得到了应答，表明本机能和目的主机所在网络内的主机通信。

（6）ping localhost——localhost 是操作系统的网络保留名，它是 127.0.0.1 的别名。主机如果工作正常，则能够将此别名转换成 IP 地址。如果 ping 不通，则表示主机文件 (/Windows/host) 中存在问题。

（7）ping 主机域名——ping 域名时，计算机要先调用 DNS，通过 DNS 服务器将域名解析为相应的 IP 地址，再执行 ping 命令，ping 此 IP。如果解析不成功，则说明 DNS 服务器的 IP 地址配置不正确或 DNS 服务器有故障。

2.ping 命令的参数

ping [–t] [–a] [–n count] [–l size] [–f] [–i TTL] [–v TOS] [–r count] [–s count] [–j host–list]|[–k host–list] [–w timeout] [–R] [–S srcaddr] [–c compartment] [–p] [–4] [–6] target_name

调用命令"ping – ？"，作用是显示 ping 命令的参数，如图 2-3-2 所示。

图 2-3-2　ping 命令的参数

在执行 –t 参数时，ping 命令会一直持续下去，直到关闭窗口或执行 Ctrl+C，此时停止 ping。

ping 命令参数可以混合使用，当 ping 命令目的主机的域名为 www.dali. edu.cn，要使用 1000 字节的数据包，ping 主机有 10 个数据包，命令可以写为：ping www.dali.edu.cn –n 10 –l 1000，结果如图 2–3–3 所示。

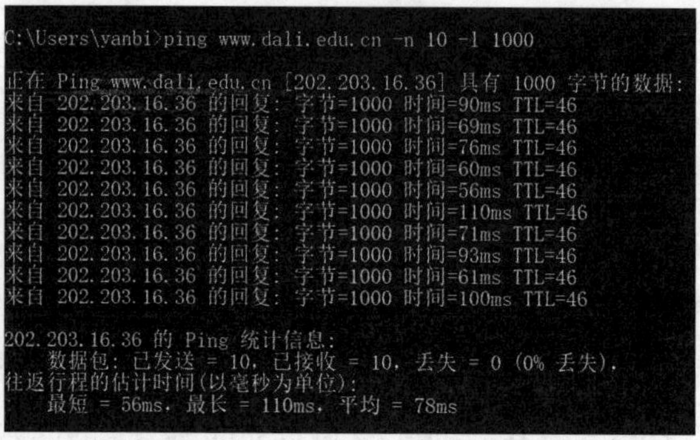

图 2-3-3　ping 命令参数的使用

3.ping 命令的执行结果

（1）ping 正常或 ping 通时，命令窗口的显示如图 2–3–4 所示。默认情况下 ping 命令发送 4 个数据包，大小为 32 字节。每收到一个应答数据包则显示一条记录，包括目主机 IP 地址、字节数、时间和 TTL 值。最后一行是统计信息。

图 2-3-4　ping 命令应答

（2）ping 失败。ping 失败主要有以下几种情形。

Request timed out：请求超时，如图 2–3–5 所示。

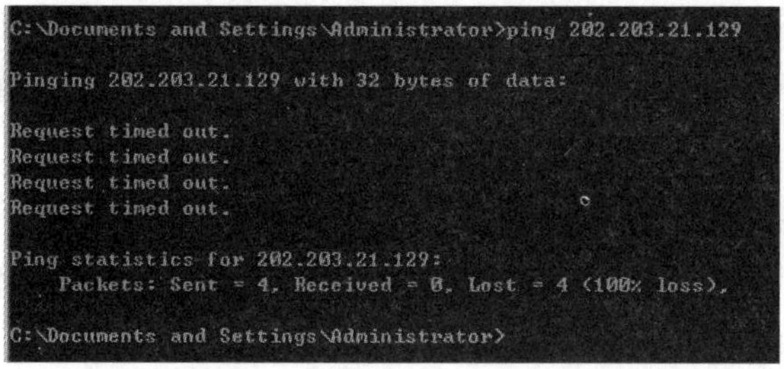

图 2-3-5　Request timed out

出现这种情况，可能的原因如下：

①对方已关机，对方 IP 地址或域名在网络上不存在；

②对方主机存在，但是在其他网段，没有正确的路由到达；

③对方主机存在，但是设置了 ICMP 数据包过滤（如防火墙设置），可以用带参数 –a 的 ping 命令探测对方是否存在，如果能得到对方的 NETBIOS 名称，则说明对方是存在的，有防火墙设置。如果得不到，则表明对方不存在或关机，或不在同一网段内；

④IP 地址设置错误，当主机有多个网卡时，设置的 IP 地址要处于不同的 IP 子网中。

Destination host Unreachable：目标主机不能达到。

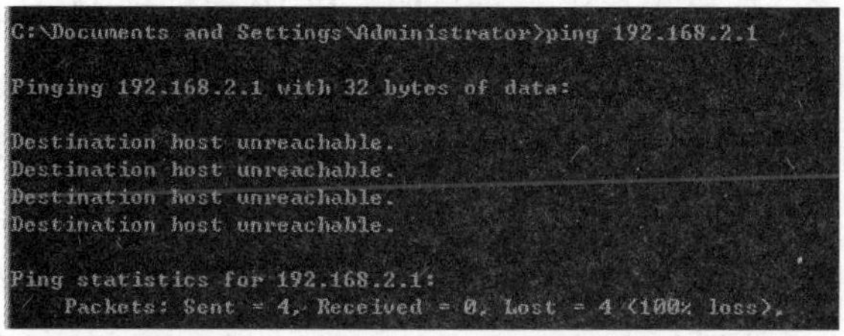

图 2-3-6　Destination host Unreachable

出现这种情况，可能的原因如下：

①对方与自己不在同一网段内，且未设置默认路由，找不到对方的主机；

②网线故障；

③网卡故障。

Unknown host：不知名主机。

这表示 ping 命令的目的主机域名没有被域名服务器（DNS）转换成 IP 地址。故障原因可能是域名服务器有故障，或者其名字不正确，或者网络管理员的系统与远程主机之间的通信线路有故障。

No answer：无响应。

这表示本主机到网关路由器的路由存在，能发送数据，但无法收取路由器的信息。故障原因可能是下列之一：网关路由器没有正常工作；本机或网关路由器网络配置不正确；通信线路故障。

Bad IP address。

这个信息表示没有连接到 DNS 服务器，所以无法解析这个 IP 地址，也可能是 IP 地址不存在。

no rout to host：网卡工作不正常。

transmit failed, error code:10043：网卡驱动不正常。

Source quench received：对方或中途的路由器繁忙无法回应。

（三）arp 命令

1.ARP（Address Resolution Protocol）地址解析协议

ARP 协议是网络层的协议，它的作用是将网络中主机的 IP 地址转换为该主机的 MAC 地址。当主机发送信息时会根据目的主机的 IP 地址查找自己的 ARP 高速缓存，如果缓存中存有目的主机 IP 地址到 MAC 地址的映射，就将该映射中的 MAC 地址写入 MAC 帧目的地址部分。如果 ARP 高速缓存中没有目的主机的映射项目，本机就会向局域网发送一个 ARP 请求的广播数据包。广播包的内容是本机的 IP 和 MAC 地址，以及对方主机的 IP 地址，请求对方主机发送自己的 MAC 地址。局域网内所有的主机和路由器都能收到这个广播包，并将数据包中的源主机的 IP 地址和 MAC 地址的映射在自己的高速缓存中存放一段时间，这是为了节约网络资源。目的主机收到此广播包后，会做出回应，回应数据包的内容是，自己的 IP 地址和 MAC 地址的映射。源主机收到这个回应数据包后将映射存入自己的高速缓存中，并把目的主机的 MAC 地址写入 MAC 帧的目的地址字段中，然后发送此 MAC 帧。

2.ARP 欺骗

地址解析协议是建立在网络中各个主机互相信任的基础上的，局域网络上的主机可以自主发送 ARP 应答消息，其他主机收到应答报文时不会检测该报文的真实性，就直接在本机 ARP 缓存；由此攻击者就可以向某一主机发送伪 ARP 应答报文，使其发送的信息无法到达预期的主机或到达错误的主机，这就构成了一个 ARP 欺骗。

3.arp 命令

arp 命令可用于查询本机 ARP 缓存中的 IP 地址和 MAC 地址的对应关系、添加或删除静态对应关系等；也可通过 arp 命令了解目前局域网中正在工作的主机的 IP 地址和 MAC 地址的对应情况。NDP 是 IPv6 中用于地址解析的命令。

arp 命令参数显示和修改地址解析协议 (ARP) 使用的 IP 地址到 MAC 地址的转换表。

命令格式及参数：

ARP −s inet_addr eth_addr [if_addr]；

ARP −d inet_addr [if_addr]；

ARP −a [inet_addr] [−N if_addr] [−v]。

arp 命令的全部参数及意义可以通过命令"arp − ？"获得。

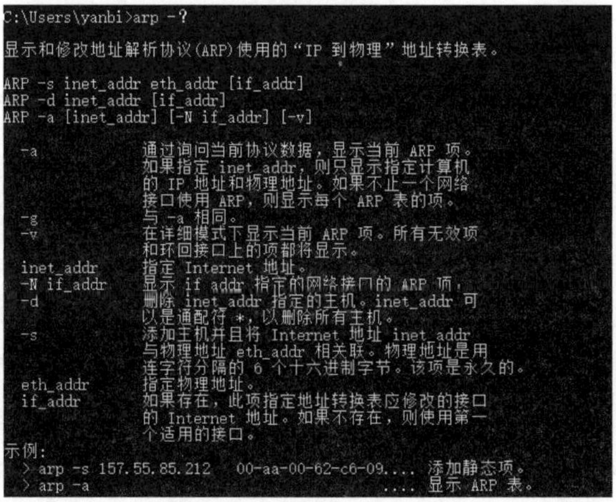

图 2-3-7　arp 命令参数

arp −a（ −all 的意思）或 arp-g：用于查看缓存中的所有项目。−g 是 UNIX 平台上用来显示 ARP 缓存中所有项目的选项，而 Windows 用的是 arp −a，也可以接受 −g 选项，如图 2-3-8 所示。

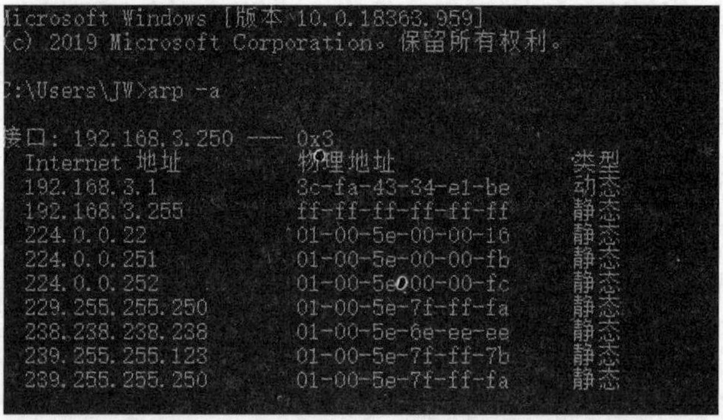

图 2-3-8　arp-a 命令显示结果

arp -a：在多网卡情况下，使用 arp -a 加上接口的 IP 地址，就可以只显示与该接口相关的 ARP 缓存项目。

arp -s 物理地址：可以向 ARP 缓存中人工输入一个静态项目。该项目在计算机引导过程中将保持有效状态，或者在出现错误时，人工配置的物理地址将自动更新该项目。

arp -d：使用该命令能够人工删除一个静态项目。

（四）traceroute 命令

traceroute 命令使用的是 ICMP 协议，它可以跟踪源主机到目的主机的路由情况及路径所经过的所有路由器。Windows 系统下的命令是 tracert，UNIX 系统下的命令是 traceroute。tracert 命令用 IP 数据包中的生存时间 (TTL) 字段和 ICMP 协议的时间超过差错报告报文，来确定从一个主机到网络上其他主机的路由。TTL 值可以反映数据包经过的路由器或网关的数量，源主机在发送数据包时会设置一个 TTL 值，当数据包每经过一个路由器时 TTL 值减 1。traceroute 命令从源主机向目的主机发送多个数据包。对于第一个数据包，TTL 值设置为 1，此数据包到达第一个路由器时，路由器先收下这个数据包，然后将 TTL 值减 1（变为 0），随后丢弃此数据包，并向源主机发送一个 ICMP 时间超过差错报告报文。源主机收到此报文后记录路由器的 IP 地址和数据包往返时间。traceroute 命令会向每个路由器发送 3 个数据包，并在随后的每次发送过程将 TTL 递增 1，直到目的主机响应或 TTL 达到最大值，从而确定路由。traceroute 命令能够遍历到数据包传输路径上的所有路由器。

1.tracert 命令

在 DOS 界面下输入 tracert 目的主机的 IP 或域名，结果返回源主机到目的主机的路由情况。图 2-3-9 所示为本主机上使用 trcert www.baidu.com 命令的结果。

```
C:\Users\JW>tracert www.baidu.com

通过最多 30 个跃点跟踪
到 www.a.shifen.com [163.177.151.109] 的路由：

  1     3 ms     3 ms     3 ms  192.168.3.1
  2     3 ms     3 ms    15 ms  10.148.60.1
  3     5 ms     5 ms     6 ms  221.3.199.137
  4     *        *        *     请求超时。
  5     4 ms     4 ms     6 ms  221.3.199.73
  6     *        *        6 ms  221.3.199.246
  7    83 ms    59 ms    64 ms  221.3.199.233
  8    52 ms     *        *     219.158.102.209
  9    39 ms    37 ms    39 ms  120.86.0.226
 10    42 ms     *       41 ms  120.80.187.194
 11    43 ms    89 ms    51 ms  157.255.69.158
 12     *        *        *     请求超时。
 13    38 ms    38 ms    93 ms  163.177.151.109

跟踪完成。
```

图 2-3-9　tracert 命令显示结果

2.tracert 命令参数

用法：tracert [–d] [–h maximum_hops] [–j host–list] [–w timeout][–R] [–S srcaddr] [–4] [–6] target_name

在 DOS 界面下输入命令“tracert –？”可以获得 tracert 命令的全部参数及意义，如图 2-3-10 所示。

```
C:\Users\yanbi>tracert -?

用法: tracert [-d] [-h maximum_hops] [-j host-list] [-w timeout]
               [-R] [-S srcaddr] [-4] [-6] target_name

选项:
    -d                 不将地址解析成主机名。
    -h maximum_hops    搜索目标的最大跃点数。
    -j host-list       与主机列表一起的松散源路由(仅适用于 IPv4)。
    -w timeout         等待每个回复的超时时间(以毫秒为单位)。
    -R                 跟踪往返行程路径(仅适用于 IPv6)。
    -S srcaddr         要使用的源地址(仅适用于 IPv6)。
    -4                 强制使用 IPv4。
    -6                 强制使用 IPv6。
```

图 2-3-10　tracert 命令参数

参数说明：

–d：不将地址解析成主机名。

–h maximum hops：搜索目标的最大跃点数。

–j host–list：与主机列表一起的松散源路由（仅适用于 IPv4)。

–w timeout：等待每个回复的超时时间 (以毫秒为单位)。

–R：跟踪往返行程路径 (仅适用于 IPv6)。

–S srcaddr：要使用的源地址 (仅适用于 IPv6)。

–4：强制使用 IPv4。

–6：强制使用 IPv6。

（五）netstat 命令

netstat 是控制台命令，它是一个监控 TCP/IP 网络非常有用的工具，它可以显示与 IP、TCP、UDP 和 ICMP 协议相关的统计数据，包括路由表、实际的网络连接以及每一个网络接口设备的状态信息。netstat 是在内核中访问网络连接状态及其相关信息的程序，它能提供 TCP 连接、TCP 和 UDP 监听、进程内存管理的相关报告。

1.netstat 命令

netstatt 一般用于检验本机各端口的网络连接情况。在 DOS 界面下输入netstat，返回的结果如图 2-3-11 所示。返回的信息表明了现在本机的所有TCP 和 UDP 连接的信息，包括 socket 套接字和连接状态。

```
C:\Users\yanbi>netstat

活动连接

 协议  本地地址            外部地址          状态
 TCP   127.0.0.1:5354      DESKTOP-EHT0RN6:49669   ESTABLISHED
 TCP   127.0.0.1:5354      DESKTOP-EHT0RN6:49670   ESTABLISHED
 TCP   127.0.0.1:27015     DESKTOP-EHT0RN6:49729   ESTABLISHED
 TCP   127.0.0.1:49669     DESKTOP-EHT0RN6:5354    ESTABLISHED
 TCP   127.0.0.1:49670     DESKTOP-EHT0RN6:5354    ESTABLISHED
 TCP   127.0.0.1:49729     DESKTOP-EHT0RN6:27015   ESTABLISHED
 TCP   127.0.0.1:51374     DESKTOP-EHT0RN6:54530   ESTABLISHED
 TCP   127.0.0.1:51375     DESKTOP-EHT0RN6:51376   ESTABLISHED
 TCP   127.0.0.1:54530     DESKTOP-EHT0RN6:51375   ESTABLISHED
 TCP   127.0.0.1:54530     DESKTOP-EHT0RN6:51374   ESTABLISHED
 TCP   192.168.3.93:50622  23.200.152.10:https     CLOSE_WAIT
 TCP   192.168.3.93:50820  58.251.106.205:https    CLOSE_WAIT
 TCP   192.168.3.93:50835  220.249.244.122:https   CLOSE_WAIT
 TCP   192.168.3.93:50916  27.221.28.172:https     CLOSE_WAIT
 TCP   192.168.3.93:51337  202.203.17.105:https    CLOSE_WAIT
```

图 2-3-11　netstat 命令返回结果

2.NETSTAT 命令参数

NETSTAT [–a] [–b] [–e] [–f] [–n] [–o] [–p proto] [–r] [–s] [–t] [–x] [–y] [interval]

在 DOS 界面下输入 "NETSTAT/?" 可以查看 NETSTAT 命令的所有参数，如图 2-3-12 所示。

-a：显示所有连接和侦听端口。

-b：显示在创建每个连接或侦听端口时涉及的可执行文件。在某些情况下，已知可执行文件托管多个独立的组件，此时会显示创建连接或侦听端口时涉及的组件序列。在此情况下，可执行文件的名称位于底部 [] 中，它调用的组件位于顶部，直至达到 TCP/IP。注意，此选项可能很耗时，并且可能因为你没有足够的权限而失败。

-e：显示以太网统计信息。此选项可以与 -s 选项结合使用。

-f：显示外部地址的完全限定域名（FQDN）。

-n：以数字形式显示地址和端口号。

-o：显示拥有的与每个连接关联的进程 ID。

-p proto：显示 proto 指定的协议的连接。proto 可以是下列任何一个：TCP、UDP、TCPv6 或 UDPv6。如果与 -s 选项一起用来显示每个协议的统计信息，proto 可以是下列任何一个：IP、IPv6、ICMP、ICMPv6、TCP、TCPv6、UDP 或 UDPv6。

-q：显示所有连接、侦听端口和绑定的非侦听 TCP 端口。绑定的非侦听端口不一定与活动连接相关联。

-r：显示路由表。

-s：显示每个协议的统计信息。默认情况下，-s 显示 IP、IPv6、ICMP、ICMPv6、TCP、TCPv6、UDP 和 UDPv6 的统计信息；-p 选项可用于指定默认的子网。

-t：显示当前连接卸载状态。

-x：显示 NetworkDirect 连接、侦听器和共享终结点。

-y：显示所有连接的 TCP 连接模板。无法与其他选项结合使用。

Interval：重新显示选定的统计信息，各个显示间暂停的间隔秒数。按 Ctrl+C 停止重新显示统计信息。如果省略，则 netstat 将打印当前的配置信息一次。

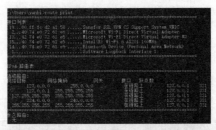

图 2-3-12　netstat 命令参数

（六）route 命令

route 命令用于查看本机的路由表或修改本机路由表的项目。

在 DOS 界面下输入 route print 命令可以显示当前主机的路由表，其中包括了主机所有网络接口卡以及 MAC 地址、IPv4 路由表和 IPv6 路由表。

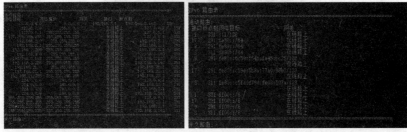

图 2-3-13　route print 命令结果

1.ROUTE 命令参数

ROUTE [–f] [–p] [–4|–6] command [destination][MASK netmask][gateway]
[METRIC metric][IF interface]

在 DOS 界面下输入"ROUTE/?"，可以查看 ROUTE 命令的所有参数，
如图 2–3–14 所示。

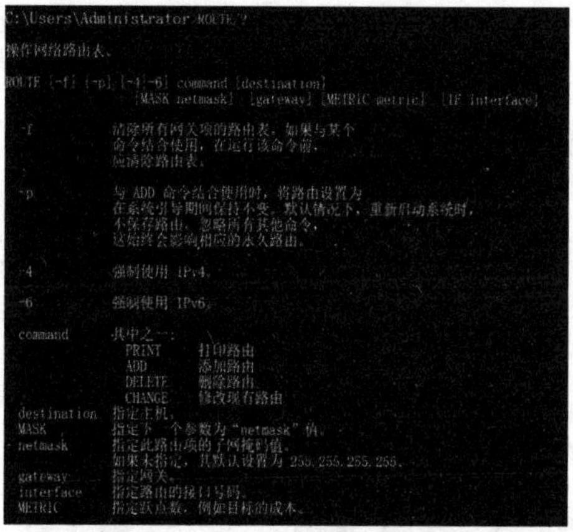

图 2-3-14　ROUTE 命令参数及示例

2. 参数说明

–f：清除所有不是主路由（网掩码为 255.255.255.255 的路由）、环回网
络路由（目标为 127.0.0.0，网掩码为 255.255.255.0 的路由）或多播路由（目
标为 224.0.0.0，网掩码为 240.0.0.0 的路由）的条目的路由表。

–p：与 add 命令共同使用时，指定路由被添加到注册表并在启动 TCP/IP
协议的时候初始化 IP 路由表。

command：指定要运行的命令。表 2–3–1 列出了有效的命令。

图 2-3-1　route command 命令参数说明

命　　令	目　　的	命　　令	目　　的
add	添加路由	delete	删除路由
change	更改现存路由	print	打印路由

destination：指定路由的网络目标地址。

MASK 和 netmask：指定与网络目标地址相关联的网掩码（又称为子网掩码）。

gateway：指定超过由网络目标和子网掩码定义的可达到的地址集的前一个或下一个跃点 IP 地址。

METRIC：为路由指定所需跃点数的整数值（范围是 1 ～ 9999），它用来在路由表里的多个路由中选择与转发包中的目标地址最为匹配的路由。

interface：指定目标可以到达的接口索引。

四、实验步骤

搭建实验环境，本次实验的组网方式如图 2-3-15 所示。

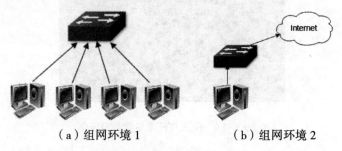

（a）组网环境 1   （b）组网环境 2

图 2-3-15　实验组网图

组网环境 1：PC 接入试验台上的同一台 S3526 交换机，自行配置 IP 地址。IP 地址网络号为 192.168.1.0，子网掩码为 255.255.255.0。

组网环境 2：PC 机通过 S3526 交换机接入校园网，将本机的 TCP/IP 属性设置为自动获取 IP 地址的方式，使用学校提供的账号和密码登录校园网服务器，接入 Internet。

（一）在组网环境 1 下实验

实验时要求 4 ～ 5 位同学一组，使用网线将自己使用的 PC 机连接到交换机上，由实验小组组长分配 IP 地址，IP 地址在 192.168.1.0/24 网段内，并且同一小组内的 IP 地址不能重复。（问题：同一小组内的 IP 分配重复，会出现什么问题，系统内会有何提示？）

1.Windows 环境下的 IP 地址、子网掩码等参数的配置

每位同学使用分配得到的 IP 地址进行如下配置：

步骤:【网络】→右键→【属性】→【更改适配器设置】→【本地连接】
→双击→选择【Internet 协议版本 4】→【双击】→【使用下面的 IP 地址】。

例如，主机配置地址为 192.168.1.2 ，子网掩码为 255.255.255.0

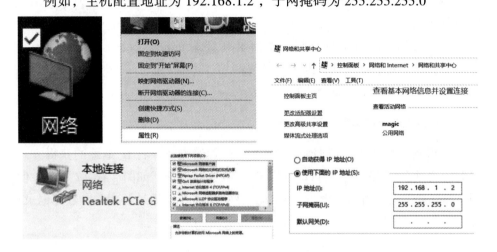

图 2-3-16 IP 地址配置过程

2.ipconfig 命令使用

步骤:【Win+R】→【运行】→【cmd】→【ipconfiga/all】

（1）使用 ipconfig/all 命令查看本机的 TCP/IP 配置，检查是否正确，并
记录命令返回的结果，说明每一条返回结果的意义。

（2）学会使用实验内容中描述的 ipconfig 的相关参数，查看本机 TCP/IP
配置信息。

3.ping 命令的使用

步骤:【Win+R】→【运行】→【cmd】→【ping IP（或主机名）】

（1）首先，ping 127.0.0.1 和 ping 本机 IP 地址，记录结果并说明 ping
127.0.0.1 和 ping 本机 IP 地址的意义。

（2）其次，实验小组的组员根据组长分配的 IP 地址互 ping，保证本机能
ping 到小组的所有其他成员，记录并分析结果。如果出现 ping 不通的情况，
请查找原因，解决问题并记录。

（3）最后，学会使用 ping 的其他参数。在不同的参数设置下，ping 相同的
地址，查看返回结果是否相同。如果不同，请分析原因。例如，将 ping 的数据
设置为 1000Byte，与默认方式 ping 相同的主机，查看结果是否一致，分析原因。

4.arp 命令的使用

步骤:【Win+R】→【运行】→【cmd】→【arp-a】,

(1)本机上运行 arp –a 命令,查看并记录命令返回的结果,并根据结果说明意义。

(2)使用 arp –d 命令删除一条指定 IP 地址的静态项目,再使用 arp –a 命令查看,是否删除成功,并记录结果。

(3)学会使用 arp 命令的其他参数。

(二)在组网环境 2 下实验

在组网环境 2 下,按照前文 TCP/IP 配置的方法,将 IP 地址的获得方式更改为自动获取 IP 地址、自动获取 DNS 服务器地址,如图 2–3–17 所示。使用 ipconfig/all 命令查看此时通过 DHCP 协议获得的 IP 地址及相关参数并记录。接入 Internet 后随机访问 5 个网站,不要关闭浏览器。

图 2-3-17 自动获取 IP 地址

1.netstat 命令的使用

步骤:【Win+R】→【运行】→【cmd】→【netstat】

(1)记录命令返回的结果,并分析每一条结果的意义。

(2)学会使用 netstat 命令的其他参数。

2.route 命令的使用

步骤:【Win+R】→【运行】→【cmd】→【route print】

（1）查看并记录 route print 命令显示本机当前的路由表，分析并记录每一条路由信息的意义。

（2）尝试添加一条到达网络地址为 202.203.16.0 255.255.255.0 的路由，下一跳地址为 202.203.16.1。添加后使用 route print 命令查看路由表，检查路由是否添加成功。记录实验过程及添加成功的路由表项。

（3）删除上一步骤的路由，然后使用 route print 命令再次查看路由表，是否删除成功。记录实验过程及结果。

（4）学会使用 route 命令的其他参数。

3.tracert 命令的使用

步骤：【Win+R】→【运行】→【cmd】→【tracert IP（或主机名）】

（1）使用 tracert mail.sina.com 命令查看并记录结果，分析每一条结果的意义。

（2）学会使用 tracert 命令的其他参数。

五、实验报告要求

（1）按照实验步骤的要求，记录实验过程，分析实验结果。

（2）记录实验中出现的问题，如何解决的？

六、思考题

（1）ping 命令使用了何种协议？ ping 命令显示结果为 request timed out 的原因有哪些？

（2）如何查看本机 TCP/IP 的配置情况？ TCP/IP 的主要配置有哪些？

（3）什么是 ARP 欺骗，木马病毒如何使用 ARP 欺骗技术入侵网络？

（4）使用什么命令可以查看本机系统上是否有木马病毒？

（5）如何使用 ping 命令判断目的主机使用的操作系统是 Windows 还是 Unix？

（6）如何查看本机的 MAC 地址？ MAC 地址是否可以修改？为什么？

实验四　对等网的组建

一、实验目的

（1）掌握对等网的组建方法；

（2）掌握在对等网中主机上设置文件共享的方法；

（3）熟悉办公环境下对等网中主机上设置打印机共享的方法；

（4）掌握在办公环境下在的局域网中实现简单 OA 的方法，学习 OA 服务器和客户端的配置。

二、实验设备及软件

（1）运行 Windows 操作系统的 PC 机；

（2）H3C S3526 交换机；

（3）网线；

（4）简单的 OA 服务器及客户端软件。

三、实验原理及内容

对等网（Peer to Peer Network）是由很少的几台计算机组成工作组的网络，是最简单的计算机局域网。对等网的组网方式非常适合家庭、宿舍和小型办公室，同时也是学习其他大型网络组网技术的基础。

对等网一般采用星形拓扑结构，以交换机为中心，所有主机都连入交换机中。

（一）对等网的主要特点

（1）网络用户较少，一般在 20 台计算机以内，适合人员少、应用网络较多的小型办公网和家庭网络；

（2）网络用户都处于相对较小的区域内；

（3）对于网络来说，网络安全不是最重要的问题。

它的主要优点有：网络成本低、网络配置和维护简单。

它的缺点有：网络性能较低、数据保密性差、文件管理分散、计算机资源占用大。

（二）组网环境（图2-4-1）

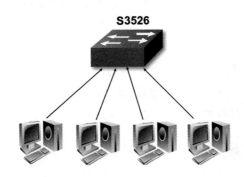

图2-4-1　对等网的组网实验

使用 S3526 交换机连接 4～6 台 PC 机，为 PC 机配置不同的 IP 地址，IP 地址必须在同一网段。如网段为 192.168.1.1～192.168.1.254，掩码为 255.255.255.0。配置完毕后，PC 机间互 ping，测试 PC 机的连通性。IP 地址具体分配由实验小组组长完成。

四、实验步骤

（一）对等网组建及配置

（1）按照实验环境的组网图，将 PC 机用网线连入 S3526 交换机中。

（2）按照组长分配的 IP 地址，为 PC 机配置 IP 地址、子网掩码，配置方式详见实验三的内容。

（3）不同的 PC 机间互 ping，检查主机间的连通性。如果 ping 不同，就检查线路及配置，直到相互能完全 ping 通为止。

记录本小组组网配置情况，画出组网图，记录本机配置过程及配置数据，记录 ping 测试连通性的结果。

（二）对等网上设置文件共享

由组长选择一台 PC 机，确定此 PC 机的 IP 地址。在该 PC 机的 D 盘上建立一个名为共享文件的文件夹，将文件夹属性设为共享，文件夹中放入局域网 OA 软件，其他 PC 机通过网络共享，将文件拷贝在自己的 PC 机上。

1. 文件夹共享设置

（1）Windows 7 操作系统的设置：选择【控制面板】→【用户账户】→【管理其他账户】→启用 Guest 来宾账户，如图 2-4-2 所示。

图 2-4-2　账户设置

Windows 操作系统对于用户账户管理，各个版本的权限不一样。在 Windows 10 正式版中的设置步骤如下：【Win+R】→输入【gpedit.msc】打开本地策略编辑器→依次展开【计算机管理】→【Windows】→【设置】→【安全设置】→【本地策略】→【安全选项】，在右侧找到【账户：来宾账户状态】项并右击，从其右键菜单中选择【属性】项。从打开的【账户：来宾账户状态】→【属性】窗口中，勾选【已启用】项，点击【确定】按钮即可开启 Guest 来宾账户。

（2）右击桌面【网络】→【属性】→【更改高级共享设置】，如图 2-4-3 所示。

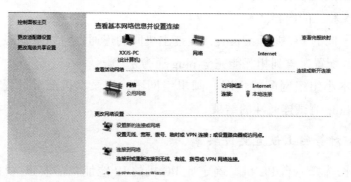

图 2-4-3　共享设置

（3）选择【公共网络】→选择以下选项【启动网络发现】→【启动文件和打印机共享】启用共享，以便访问网络的用户可以读取和写入公用文件夹中的文件（可以不选），关闭密码保护共享（其他选项默认即可），更改后要【保存修改】。

图 2-4-4　共享选项设置

（4）设置文件夹共享。在 D 盘上新建文件夹并命名为"共享文件夹"，建好后把 OA 软件拷贝到共享文件夹中。

点击文件夹右键选择【属性】，选择【共享】→单击【共享】，如图 2-4-5 所示。

图 2-4-5　文件夹共享设置

（5）选择要与其共享的用户，设置 Guest 账户和 Everyone 账户的权限级别，点击共享。在【高级共享】对话框中，选择【共享此文件夹】，设置文件名，如图 2-4-6 所示。

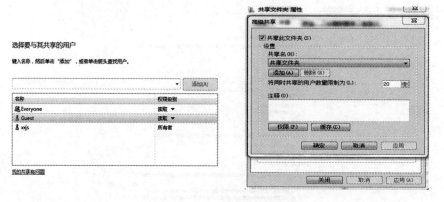

图 2-4-6　共享用户选择

（6）在其他计算机上搜索或运行中搜索，步骤为【Win+R】– 输入：\\IP 地址 \，如 \\192.168.1.1\（192.168.1.1 为放置共享文件的 PC 机 IP 地址），记录配置过程及结果。

2. 共享打印机

由于实验条件所限，此处安装的是虚拟打印机，与添加实物打印机的方法一样。

（1）添加本地打印机。【控制面板】→【硬件和声音】→【设备和打印机】→选择【添加打印机】→选择【添加本地打印机】→选择使【用现有端口】→【添加打印机】→选择【HP Business Inkjet2200】，如图 2-4-7 所示。

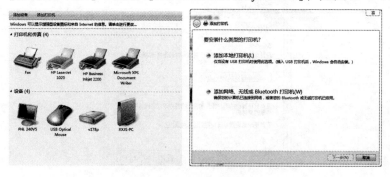

图 2-4-7　添加本地打印机

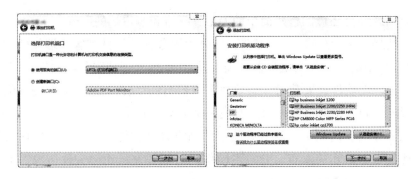

图 2-4-7　添加本地打印机（续）

（2）设置打印机共享。选择【共享此打印机】→设置共享名称→【下一步】→【完成】，完成设置，如图 2-4-8 所示。

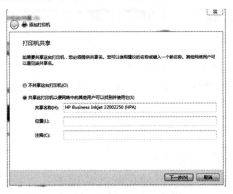

图 2-4-8　完成打印机共享设置

注意：此项实验一组中只需要一台计算机上安装虚拟打印机，其他计算机共享虚拟打印机就可以。

在对等网内通过共享的方式在 PC 机中添加网络打印机。

添加方式步骤为【Win+R】- 输入：\\IP 地址 \（此处的 IP 地址为安装了打印机，并设置了打印机共享的 PC 机的 IP 地址），如 \\192.168.1.1\，查看网络打印机是否添加成功。

添加网络打印机：【控制面板】→【硬件和声音】→【设备和打印机】→选择【添加打印机】→选择【添加网络打印机】→输入【\\IP 地址 \ 打印机名】

打开一个 Word 文档，通过打印测试网络打印机是否安装成功。

记录配置过程及结果。

3. 网络办公环境的搭建简单的 OA 服务器和客户端的配置

安装局域网 OA 软件，OA 软、件分为服务器端软件和客户端软件。选择本组 PC 机中的一台作为服务器，确定其 IP 地址，安装服务器软件，其他 PC 机安装客户端软件，安装时注意填写服务器 IP 地址，安装完成后测试网络的运行情况（同一个对等网内只能安装一个 OA 服务器）。

此部分实验选用了一款具有简单的网络办公功能的软件，利用该软件可以实现公告、通知的发布。公司不同部门可以建立群组、文件传输、消息传送等简单的办公功能。

记录本组办公环境的搭建情况，记录设置过程，记录本机的配置情况。

五、实验报告要求

（1）记录实验过程中遇到的问题及解决的方法，写出此次实验的心得体会。

（2）完成实验步骤中的实验过程，按照要求记录和分析实验结果。

（3）简述对等网组建的过程和步骤，以及各步骤中的要点。

六、实验思考题

（1）简述对等网的概念及特点。

（2）两台计算机在不需要其他设备的情况下是否可以组建对等网？如果可以，如何组建？

实验五　交换机基本配置

一、实验目的

（1）熟悉交换机的基本配置及应用；

（2）掌握使用 Console 口配置交换机的方法；

（3）熟悉并掌握交换机命令行的使用及常用命令；

（4）熟悉交换机的用户视图、系统视图和端口视图，掌握各视图下的交换机的配置内容及方法；

（5）掌握 VLAN 的概念以及 VLAN 在交换机上的配置方法和应用。

二、实验设备

（1）运行 Windows 操作系统的 PC 机；

（2）Quidway S3526 交换机；

（3）网线；

（4）Quidway S3526 交换机配置线。

三、实验原理及实验内容

（一）交换机工作原理

目前，局域网通常采用星形组网方式，使用交换机连接 PC 机的方式进行数据交换。二层交换机工作在数据链路层，实质上是多接口网桥。采用存储转发方式发送数据的交换机在交换机内部维护一张转发表，该表记录了各端口上所连接的 PC 机的 MAC 地址。交换机上的转发表是通过交换机自学习算法建立的。一个交换收到一个数据帧以后会首先查看数据帧中的源 MAC 地址，查看转发表中是否存在，如果不存在就添加一条表项目，项目的主要内容为该数据帧中的源 MAC 地址，以及该数据帧进入交换机的端口号和进入时间。然后，交换机查看数据帧的目的 MAC 地址，看目的 MAC 地址是否在转发表中，如果存在，就按照转发表中的项目转发数据；如果不存在，交换机就会向除了数据进入的端口外的其他所有端口广播这个数据帧。

（二）冲突域与广播域

冲突域是指同一个网络区域内的计算机，这些计算机发送数据时会产生数据碰撞，所有这些计算机的集合称为冲突域。对集线器来说，其各端口连接的所有设备都共享一个信道，若有两个设备同时发送数据，则必然会发生冲突。而交换机可以将各端口划分在不同的冲突域内，各个端口同时发送数据不会产生数据冲突。

广播域是指一个区域内的计算机，其中一台计算机发送广播数据，区域内的其他计算机都能收到，也就是接受广播信息的节点集合。同一台二层交换机连接的所有设备都属于同一广播域。许多协议都会产生广播信息（如

DHCP、ARP 协议），如果不加以限制，就会极大地浪费带宽。当广播数据太多时，网络已经无法处理，并占用了大量的带宽，导致正常的数据无法在网络中发送，而导致网络瘫痪的故障称为"广播风暴"。广播风暴产生的原因有多种，如蠕虫病毒、ARP 攻击、网卡及交换机故障、存在网络冗余而没有启用生成树协议等。启用交换机中的 VLAN 功能可以有效控制广播风暴的影响范围。

（三）虚拟局域网——VLAN（Virtual LAN）

1.VLAN 的概念

现代交换网络引入了虚拟局域网 VLAN（Virtual LAN）概念。VLAN 将广播域限制在单个 VLAN 内部，减小了 VLAN 内的主机广播数据对其他 VLAN 的影响。在 VLAN 间需要通信的时候，我们可以利用 VLAN 间路由技术来实现通信。

一个 VLAN 就是一个虚拟交换网络。VLAN 按功能、项目、应用的逻辑关系来管理网络节点，而不必考虑用户的物理位置。任何一个交换机接口都可以属于某一个 VLAN，本 VLAN 上的 IP 数据包、广播数据包及组播数据包均可以发送至此 VLAN 内的所有 PC 机。每一个 VLAN 均可看成是一个逻辑网络，发送给另一个 VLAN 的数据包必须由路由器或三层交换机转发，哪怕两台 PC 机连接在同一交换机上。

在网络管理人员需要管理的交换机数量众多时，可以使用 VLAN 中继协议（VTP）简化管理。网络管理员只需在单独一台交换机上定义所有 VLAN，然后通过 VTP 协议将 VLAN 定义传播到本管理域中的所有交换机上，这样大大减轻了网络管理人员的工作负担和工作强度。

2.VLAN 的帧格式

IEEE 802.3ac 定义了支持虚拟局域网的帧格式，它在以太网帧格式中插入了 4 个字节的 VLAN 标记（tag），用于标明数据属于哪一个虚拟局域网。插入了 VLAN 标记的帧称为 802.1Q 帧，如图 2-5-1 所示，前两个字节为 IEEE 802.1Q 标志字段，总是设置为 0X8100（二进制为 10000001 00000000）；后两个字节中，前 3 位是用户优先级，后面一位是规范格式指示符（VID）；最后的 12 位为 VLAN ID（VLAN 标识符），它标识着一个数据帧属于哪一个 VLAN。

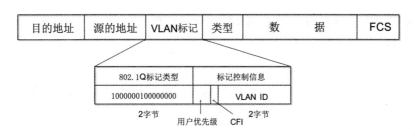

图 2-5-1　802.1Q 帧格式

（四）生成树协议——STP

在一个局域网中如果使用了多台交换机，容易在网络拓扑中产生环路，出现线路冗余。交换机的自学习算法会造成一些数据帧在网络中无限制地绕圈子而无法交付。尤其是广播帧，每个广播帧都会在网络冗余链路中兜圈，增加网络的负荷。线路冗余会使网络产生广播风暴、多帧复制、MAC 地址表不稳定、多个回路等问题。为了解决这个问题，IEEE 802.1D 标准制定了生成树协议 STP（Spanning Tree Protocol）。生成树协议是当网络中任意一台交换机到达根交换机有两条或者两条以上的链路时，可以使用算法从逻辑上切断链路，仅保留一条链路，从而保证任意两个交换机之间只有一条单一的活动链路。在 STP 协议的局域网中，逻辑拓扑结构类似于从根交换机到其他交换机所形成的树状结构，因此称为生成树。使用 STP 协议可以从逻辑上确保局域网拓扑中无环路。

（五）交换机配置命令

华为交换机在配置时有多种视图：用户视图、系统视图、接口视图、VLAN 视图等。终端登录到交换机后进入的是交换机的用户视图。用户视图的提示符为 <Huawei>，它的结构形式为尖括号加上交换机名。在此视图下只能查看交换机的运行状态和统计信息，不能配置交换机。系统视图的提示符为 [Hawei]，它的结构形式为方括号加上交换机名。此视图下，我们可以对交换机进行配置，还可以配置其他视图，如接口视图。接口视图的提示符为 [Huawei-EthernetX/Y/Z]，它的结构形式为方括号加上计算机名和端口类型及编号。X/Y/Z，表示槽位号 / 子卡号 / 接口序号。接口视图下，我们可以对交换机该接口进行物理层属性、链路层特性等相关属性的配置。交换机进入

VLAN 视图后，我们可以对 VLAN 的属性进行配置。

1. 视图间的切换命令

（1）system-view 命令。

【描述】system-view 命令使用户从用户视图进入系统视图，通常此处会设置密码，以保证交换机的配置安全。

【命令使用】

<Huawei> system-view　　　// 在用户视图下输入此命令，进入系统视图

Enter system view, return user view with Ctrl+Z　　　// 系统提示

[Huawei]　　　　　　　　　// 注意提示符的变化

（2）interface 命令。

【描述】interface 命令用来进入以太网端口视图。用户要配置以太网端口的相关参数，必须先使用该命令进入以太网端口视图。

【命令格式】interface { interface_type interface_num }

【视图】系统视图。

【参数】interface_type：端口类型，取值为 Ethernet 或 Vlan-interface；interface_num：端口号，采用槽位编号 / 端口编号的格式或 VLAN 号。

表2-5-1　端口编号表

槽位号	端口号
0～2	槽号取 0 表示交换机提供的固定以太网端口，端口号取值范围为 1～24 槽号取 1 或 2 分别表示后面板上两个扩展模块提供的以太网端口，端口号只能取 1

【命令使用】进入 Ethernet0/1 以太网端口视图。

[Huawei] interface Ethernet 0/1　　　　　// 进入 Ethernet0/1 端口

[Huawei-interface Ethernet 0/1] quit　　　// 注意提示符的变化

[Huawei]interface Vlan-interface 1　　　　// 进入 VLAN1 端口

[Quidway-Vlan-interface1]　　　　　　// 注意提示符的变化

（3）quit 命令。

【描述】quit 命令使用户从当前视图退回到较低级别视图，如果当前视图是用户视图则退出系统。

【命令使用】

[Huawei-interface Ethernet 0/1] quit   // 退回到系统视图

[Huawei] quit   // 退回到用户视图

<Huawei>   // 注意提示符的变化

（4）return 命令。

【描述】从任何视图下退回到用户视图。这是网络管理员常用的命令。网络管理员在配置完交换机后，应该马上使用 return 命令，将交换机退回到用户视图状态，以保证交换机的数据安全。与 return 命令功能相同的是组合 <Ctrl+Z>。

【命令使用】

[Huawei-interface Ethernet 0/1] return   // 退回用户视图

<Huawei>   // 注意系统提示符的变化

（5）vlan 命令。

【描述】vlan 命令用来进入 VLAN 视图，如果指定的 VLAN 不存在，则该命令先完成 VLAN 的创建再进入该 VLAN 的视图，undo vlan 命令用来删除 VLAN。

【命令格式】vlan vlan_id

　　　　　　　undo vlan { vlan_id [to vlan_id] | all }

【视图】系统视图。

【参数】vlan_id：指定要进入的或要创建并进入 VLAN 的 VLAN ID，其取值范围为 1 ～ 4094；all：所有 VLAN。

注意：VLAN 1 为缺省 VLAN，无须创建也不能被删除。

【命令使用】

[Huawei]VLAN 2   // 创建并进入 VLAN 标记为 2 的虚拟局域网

[Huawei-VLAN 2]   // 注意系统提示符的变化

2. 交换机常用命令

（1）display history-command 命令。

【描述】display history-command 命令用来显示历史命令，以便用户查看。

【命令使用】

<Quidway> display history-command

（2）language-mode 命令。

【描述】language-mode 命令用来切换命令行接口的语言环境，以满足不同用户的需求。缺省情况下命令行接口为英文模式。

【命令格式】language-mode { chinese | english }

【参数】chinese：设置命令行接口的语言环境为中文。

english 设置命令行接口的语言环境为英文。

【命令使用】将英文模式切换为中文模式。

<Quidway> language-mode chinese

（3）sysname 命令。

【描述】sysname 命令用来设置以太网交换机的域名。

【命令格式】sysname text

undo sysname

【参数】text：以太网交换机的名称，字符串取值范围为 130 个字符，缺省域名为 Quidway。undo sysname：该命令用来恢复以太网交换机的名字（为缺省值）。修改以太网交换机的域名将影响命令行接口的提示符。

【命令使用】交换机的域名设置为 DALI。

[Quidway] sysname DALI

[DALI]   // 注意提示符的变化

（4）telnet 命令。

【描述】用于远程登录其他设备。

【命令格式】telnet { hostname | ip-address } [service-port]

【参数】hostname：远端交换机的主机名，是已通过 ip host 命令配置的主机名；ip-address：远端交换机的 IP 地址；service-por：远端以太网交换机提供 Telnet 服务的 TCP 端口号，取值范围为 0 ～ 65 535。

【命令使用】从当前以太网交换机 Quidway1 登录到另外一台以太网交换机 Quidway2，IP 地址为 192.168.2.1。

<Quidway1> telnet 192.168.2.1

telnet 命令使用用户可以方便地从当前以太网交换机登录到其他以太网交换机，进行远程管理。用户可以通过键入 <Ctrl+K> 来中断本次 Telnet 登录，缺省情况下在不指定 service-port 时缺省的 Telnet 端口号为 23。

3. 端口配置命令

此类命令通常在端口视图下使用，用于设置指定端口的属性。在使用此类命令前，首先要进入端口视图。

（1）description。

【描述】description 命令用来设置端口的描述字符串；undo description 命令用来取消端口描述字符串；缺省情况下，端口描述字符串为空。

【命令格式】description text

undo description

【视图】以太网端口视图。

【参数】text：该端口描述字符串，最多为 80 个字符。

【命令使用】以太网端口 Ethernet0/2 的描述字符串设置为

[Quidway–Ethernet0/2] description office–interface

（2）display interface。

【描述】display interface 命令用来显示端口的配置信息。在显示端口信息时，如果不指定端口类型和端口号，则显示交换机上所有的端口信息；如果仅指定端口类型，则显示该类型端口的所有端口信息；如果同时指定端口类型和端口号，则显示指定的端口信息。

【命令格式】display interface [interface_type | interface_type interface_num | interface_name]

【参数】interface_type：端口类型；interface_num：端口号；interface_name：端口名，表示方法为 interface_name=interface_type interface_num。

【命令使用】显示以太网端口 Ethernet0/1 的配置信息。

<Quidway> display interface ethernet0/1

Ethernet0/1 current state：UP

IP Sending Frames' Format is PKTFMT_ETHNT_2, Hardware address is 00e0–fc00–0010

Description：aaa

The Maximum Transmit Unit is 1500

Media type is twisted pair, loopback not set

Port hardware type is 100_BASE_TX

100Mbps–speed mode, full–duplex mode

Link speed type is autonegotiation, link duplex type is autonegotiation

Flow-control is not supported

The Maximum Frame Length is 1536

Broadcast MAX-ratio : 100%

PVID : 1

Mdi type : auto

Port link-type : access

Tagged VLAN ID : none

Untagged VLAN ID : 1

Last 5 minutes input : 0 packets/sec 0 bytes/sec

Last 5 minutes output : 0 packets/sec 0 bytes/sec

input(total) : 0 packets, 0 bytes 0 broadcasts, 0 multicasts

input(normal) : - packets, - bytes - broadcasts, - multicasts

input : 0 input errors, 0 runts, 0 giants, - throttles, 0 CRC

 0 frame, - overruns, 0 aborts, 0 ignored, - parity errors

Output(total) : 0 packets, 0 bytes , 0 broadcasts, 0 multicasts, 0 pauses

Output(normal) : - packets, - bytes - broadcasts, - multicasts, - pauses

Output : 0 output errors, 0 underruns, - buffer failures

 - aborts, 0 deferred, 0 collisions, 0 late collisions

 - lost carrier, - no carrier

表 2-5-2　端口配置信息表

域　　名	描　　述
Ethernet0/1 current state	以太网端口当前开启或关闭状态
IP Sending Frames' Format	以太网帧格式
Hardware address	端口硬件地址
Description	端口描述字符串
The Maximum Transmit Unit	最大传输单元
Media type	介质类型
Loopback not set	端口环回测试状态

域 名	描 述
Port hardware type	端口硬件类型
100Mbps-speed mode, full-duplex mode Link speed type is autonegotiation, link duplex type is autonegotiation	端口的双工属性和速率均设置为自协商状态，与对端协商的实际结果是 100Mbit/s 速率和全双工模式
Flow-control is not supported	端口流控状态
The Maximum Frame Length	端口允许通过的最大以太网帧长度
Broadcast MAX-ratio	端口广播风暴抑制比
PVID	端口缺省 VLAN ID
Mdi type	网线类型
Port link-type	端口链路类型
Tagged VLAN ID	标识在该端口有哪些 VLAN 的报文需要打 Tag 标记
Untagged VLAN ID	标识在该端口有哪些 VLAN 的报文不需要打 Tag 标记
Last 5 minutes output: 0 packets/sec 0 bytes/sec Last 5 minutes input: 0 packets/sec 0 bytes/sec	端口最近 5 分钟内的输入和输出速率和报文数
input(total): 0 packets, 0 bytes 0 broadcasts, 0 multicasts input(normal): – packets, – bytes – broadcasts, – multicasts input: 0 input errors, 0 runts, 0 giants, – throttles, 0 CRC 0 frame, – overruns, 0 aborts, 0 ignored, – parity errors Output(total): 0 packets, 0 bytes 0 broadcasts, 0 multicasts, 0 pauses Output(normal): – packets, – bytes – broadcasts, – multicasts, – pauses Output: 0 output errors, 0 underruns, – buffer failures – aborts, 0 deferred, 0 collisions, 0 late collisions – lost carrier, – no carrier	端口输入 / 输出报文和错误信息统计

（3）duplex。

【描述】duplex 命令用来设置以太网端口的全双工 / 半双工属性，undo duplex 命令用来将端口的双工属性恢复为缺省的自协商状态。 缺省情况下，端口处于自协商状态。

【命令格式】duplex { auto | full | half }

undo duplex

【视图】以太网端口视图。

【参数】auto：端口处于自协商状态；full：端口处于全双工模式；half：端口处于半双工模式。

【命令使用】将以太网端口 Ethernet0/1 端口设置为自协商状态。

[Quidway-Ethernet0/1] duplex auto

（4）flow-control。

【描述】flow-control 命令用来开启以太网端口的流量控制特性，以避免拥塞发生时丢失数据包；undo flow-control 命令用来关闭以太网端口流量控制特性。缺省情况下，关闭以太网端口的流量控制。

【命令格式】flow-control

undo flow-control

【视图】以太网端口视图

【命令使用】开启以太网端口 Ethernet0/1 的流量控制。

[Quidway-Ethernet0/1] flow-control

（5）loopback。

【描述】loopback 命令用来设置以太网端口的环回测试，以检验以太网端口快递工作是否正常，环回测试执行一定时间后将自动结束。 缺省情况下，以太网端口不进行环回测试。

【命令格式】loopback { external | internal }

【视图】以太网端口视图。

【参数】external：外环测试；internal：内环测试。

【命令使用】对以太网端口 Ethernet0/1 进行内环测试。

[Quidway-Ethernet0/1] loopback internal

（6）port access vlan。

【描述】port access vlan 命令用来把 Access 端口加入指定的 VLAN 中，

undo port access vlan 命令用来把 Access 端口从指定 VLAN 中删除。 此命令使用的条件是 vlan_id 所指的 VLAN 必须存在。

【命令格式】port access vlan {vlan_id}

undo port access {vlan_id}

【视图】以太网端口视图。

【参数】vlan_id：IEEE 802.1Q 中定义的 VLAN ID，取值范围为 2～4094。

【命令使用】将 Ethernet0/1 端口加入 VLAN3 中（VLAN3 已经存在）。

[Quidway-Ethernet0/1] port access vlan 3

（7）reset counters interface。

【描述】reset counters interface 命令用来清除端口的统计信息，以便重新对端口进行相关信息的统计。在清除端口信息时，如果不指定端口类型和端口号，则清除交换机上所有的端口信息；如果仅指定端口类型，则清除该类型端口的所有端口信息；如果同时指定端口类型和端口号，则清除指定的端口信息。当使用端口 802.1X 时，该端口的统计信息不能被清除。

【命令格式】reset counters interface { interface_type | interface_type interface_num | interface_name]

【视图】用户视图 。

【参数】interface_type：端口类型；interface_num：端口号；interface_name：端口名。

【命令使用】清除以太网端口 Ethernet0/1 端口统计的信息。

<Quidway> reset counters interface ethernet0/1

（8）shutdown。

【描述】shutdown 命令用来关闭以太网端口，undo shutdown 命令用来打开以太网端口。 缺省情况下，以太网端口为打开状态。

【命令格式】shutdown

undo shutdown

【视图】以太网端口视图。

【参数】无。

【命令使用】关闭和打开以太网端口 Ethernet0/1。

[Quidway-Ethernet0/1] shutdown   // 关闭 Ethernet0/1 端口

[Quidway-Ethernet0/1] undo shutdown   // 打开 Ethernet0/1 端口

（9）speed。

【描述】speed 命令用来设置端口的速率，undo speed 命令用来恢复端口的速率（为缺省值）。缺省情况下，端口速率处于双方自协商状态。

【命令格式】speed {10 | 100 | auto}

speed {10 | 100 | 1000 | auto }

undo speed

【视图】以太网端口视图。

【参数】10：表示端口速率为 10Mbit/s；100：表示端口速率为 100Mbit/s；1000：表示端口速率为 1000Mbit/s；auto：表示端口速率处于双方自协商状态。

【命令使用】将以太网端口 Ethernet0/1 的端口速率设置为 10Mbit/s。

[Quidway-Ethernet0/1] speed 10

（10）port-isolate enable。

【描述】port-isolate enable 命令用来使能 VLAN 内的端口二层隔离，undo port-isolate enable 命令用来取消 VLAN 内的端口二层隔离。缺省情况下，VLAN 内的端口二层不隔离，即端口间可以进行二层转发。

【命令格式】port-isolate enable [group group-id]

undo port-isolate enable [group group-id]

【视图】VLAN 视图。

【参数】无。

【命令使用】使能 VLAN 内的端口二层隔离。

[Quidway-vlan1] port-isolate enable

（11）broadcast-suppression。

【描述】限制端口上允许通过的广播流量的大小，当广播流量超过用户设置的值后，系统将广播流量做丢弃处理，从而使广播所占的流量比例降低到合理的范围，保证网络业务的正常运行。undo broadcast-suppression 命令用来恢复端口上允许通过的广播流量（缺省值为 100），即端口上允许通过的广播流量（为 100%），不对广播流量进行抑制。

【命令格式】broadcast-suppression { ratio | bandwidth bandwidth }

undo broadcast-suppression

【视图】以太网端口视图。

【命令使用】允许 20％的广播报文通过，即对端口的广播流量做 80％的广播风暴抑制。

[Quidway-Ethernet0/1] broadcast-suppression 20

3.VLAN 配置命令

（1）description。

【描述】description 命令用来设置当前 VLAN 或 VLAN 接口的描述字符串；undo description 命令用来恢复当前 VLAN 或 VLAN 接口的描述字符串的缺省值。

【命令格式】description{ string }

undo description

【视图】VLAN 视图或 VLAN 接口视图。

【参数】string：描述当前 VLAN 或 VLAN 接口的一个字符串，缺省值为该 VLAN 的 VLAN ID。

【命令使用】为当前的 VLAN 指定一个描述字符串 STUDENT。

<Quidway>system-view

System View：return to User View with Ctrl+Z.

[Quidway] vlan 2

[Quidway-vlan2] description STUDENT

（2）display interface vlan-interface。

【描述】display interface vlan-interface 命令用来显示 VLAN 接口本身的一些相关信息，包括 VLAN 接口的物理状态与链路状态，发送帧格式，VLAN 接口对应的 MAC 地址、IP 地址及子网掩码，VLAN 接口描述字符串及 MTU 等。如果指定了 vlan_id，则显示指定 VLAN 接口的相关信息。如果不指定 vlan_id，则显示所有已创建的 VLAN 接口的相关信息。

【命令格式】display interface vlan-interface { vlan_id }

【视图】任意视图。

【参数】vlan_id：指定 VLAN 接口的 ID。

【命令使用】显示 VLAN-interface 2 的相关信息。

<Quidway> display interface vlan-interface 2

Vlan-interface2 current state：DOWN

Line protocol current state：DOWN

IP Sending Frames' Format is PKTFMT_ETHNT_2, Hardware address is 00e0-fc07-4101

Internet Address is 10.1.1.1/24 Primary

Description：Vlan-interface2 Interface

The Maximum Transmit Unit is 1500

以上各信息的意义见表2-5-3所列。

表2-5-3　Vlan接口信息描述表

信息名称	描　述
Vlan-interface2 current state VLAN	接口当前状态
Line protocol current state Line	协议当前状态
IP Sending Frames' Format IP	发送数据的格式
Hardware address VLAN	接口对应的 MAC 地址
Internet Address VLAN	VLAN 接口对应的 IP 地址
Description VLAN	VLAN 描述
The Maximum Transmit Unit	最大传输单元 MTU

（3）display vlan。

【描述】display vlan 命令用来显示 VLAN 的相关信息。如果不指定 vlan_id 或 all，则显示指定或所有 VLAN 的相关信息，包括 VLAN ID 的 VLAN 类型是动态还是静态的，VLAN 是否启动了路由功能，如果启动则显示 IP 地址及掩码的描述信息，VLAN 包含的端口等。如果不指定参数，则显示系统已创建的所有 VLAN 列表。如果选用 static 或 dynamic 参数，则显示系统静态或动态创建的 VLAN 列表。

【命令格式】display vlan {vlan_id | all | static | dynamic }

【视图】任意视图。

【参数】vlan_id：指定 VLAN ID，取值范围为 1 ～ 4094；all：显示所有 VLAN 的相关信息；static：显示系统静态创建的 VLAN；dynamic：显示系统动态创建的 VLAN。

【命令使用】显示 VLAN2 的信息。

<Quidway> display vlan 2

VLAN ID：2

VLAN Type：static

Route interface：not configured

Description：HUAWEI

Tagged Ports：none

Untagged Ports：

Ethernet0/1 Ethernet0/2 Ethernet0/3

以上各信息的意义见表 2-5-4 所列。

表2-5-4　VLAN信息描述表

信息名称	描　述
VLAN ID VLAN	VLAN 标识号
VLAN Type	VLAN 的配置类型：静态或动态
Route interface VLAN	是否具有路由功能
Description	VLAN 的描述
Tagged Ports	标识该 VLAN 报文在哪些端口上需要打 Tag 标记
Untagged Ports	标识该 VLAN 报文在哪些端口上不需要打 Tag 标记

（4）interface vlan-interface。

【描述】interface vlan-interface 命令用来创建 VLAN 接口或进入 VLAN 接口视图。undo interface vlan-interface 命令用来删除一个 VLAN 接口。

【命令格式】interface vlan-interface {vlan_id }

　　　　　　undo interface vlan-interface{ vlan_id }

【视图】系统视图。

【参数】vlan_id VLAN：该接口的标识号取值范围为 1 ～ 4094 。

【命令应用】进入 VLAN 接口 2 的视图。

[Quidway] interface vlan-interface 2

[Quidway-Vlan-interface2]　　　　　　　// 注意命令提示符的改变

（5）ip address。

【描述】ip address 命令用来给 VLAN 接口指定 IP 地址和掩码，undo ip address 命令用来删除一个 VLAN 接口的 IP 地址和掩码。在一般情况下，一个 VLAN 接口配置一个 IP 地址即可，但为了使交换机的一个 VLAN 接口可以与多个子网相连，一个 VLAN 接口可以配置 10 个 IP 地址，其中一个为主 IP 地址，其余为从 IP 地址。主从地址的配置关系为，当配置主 IP 地址时，如果接口上已经有主 IP 地址，则原主 IP 地址被删除，新配置的地址成为主 IP 地址。undo ip address 命令不带任何参数，表示删除该接口的所有 IP 地址。undo ip address ip-address net-mask 表示删除主 IP 地址。undo ip address ip-address net-mask sub 表示删除从 IP 地址。

【命令格式】ip address { ip-address |net-mask | sub}

undo ip address { ip-address |net-mask | sub}

【视图】VLAN 接口视图。

【参数】ip_address：VLAN 接口的 IP 地址；ip_netmask：VLAN 接口的 IP 地址和掩码；sub：该地址为 VLAN 接口的 IP 地址。

【命令使用】为 VLAN 20 接口指定 IP 地址和掩码。

[Quidway-Vlan-interface20] ip address 10.10.10.1 255.0.0.0

// 删除 VLAN 20 接口指定的 IP 地址和掩码

[Quidway-Vlan-interface20]undo ip address 10.10.10.1 255.0.0.0

（6）name。

【描述】name 命令用来为当前的 VLAN 命名，undo name 命令用来恢复当前 VLAN 名称的缺省值。缺省情况下，当前 VLAN 的名称为该 VLAN 的 VLAN ID。

【命令格式】name { string }

undo name

【视图】VLAN 视图。

【参数】string：当前 VLAN 名称的字符串，长度为 1 ～ 32。字符缺省值为该 VLAN 的 VLAN ID。

【命令使用】将当前的 VLAN 2 命名为 DALI：

[Quidway-vlan2] name DALI

（7）port。

【描述】port 命令用于向 VLAN 中添加一个或一组端口，undo port 命令用来从 VLAN 中删除一个或一组端口。

【命令格式】port { interface_list }

undo port { interface_list }

【视图】VLAN 视图。

【参数】interface_list：需要添加到某个 VLAN 中或从某个 VLAN 中删除的以太网端口列表，表示方式为 interface_list { { interface_type interface_num | interface_name } to{ interface_type interface_num | interface_name }。 其中，interface_type 为端口类型和取值范围，interface_num 为端口号，interface_name 为端口名，to 之后的端口号要大于或等于 to 之前的端口号，命令中 &<1-10> 表示前面的参数最多可以重复输入 10 次。

【命令使用】向 VLAN 2 中加入从 Ethernet0/4 到 Ethernet0/7 、Ethernet0/9，从 Ethernet0/11 到 Ethernet0/15 的以太网端口。命令的参数重复次数是 3 次。

[Quidway–vlan2] port ethernet0/4 to ethernet0/7 ethernet0/9 ethernet0/11 to ethernet0/15

删除这些端口。

[Quidway–vlan2] undo port ethernet0/4 to ethernet0/7 ethernet0/9 ethernet0/11 to ethernet0/15

（8）shutdown。

【描述】shutdown 命令用来关闭 VLAN 接口，undo shutdown 命令用来打开 VLAN 接口。缺省情况下，当 VLAN 接口下所有以太网口状态为 down 时，VLAN 接口为 down 状态即关闭状态；当 VLAN 接口下有一个或一个以上的以太网端口处于 up 状态时，则 VLAN 接口处于 up 状态；当 VLAN 接口的相关参数及协议配置好之后，可以使用 undo shutdown 命令启动接口；或者当 VLAN 接口出现故障时，可以用 shutdown 命令将接口先关闭，再用 undo shutdown 命令打开接口，这样有可能使接口恢复正常。关闭和打开 VLAN 接口对属于这个 VLAN 的所有以太网端口都没有影响。

【命令格式】shutdown

undo shutdown

【视图】VLAN 接口视图。

【参数】无。

【命令使用】关闭接口后再启动接口。

[Quidway-Vlan-interface2] shutdown

[Quidway-Vlan-interface2] undo shutdown

（9）vlan { enable | disable }。

【描述】vlan enable 命令用来开启设备 VLAN 特性，vlan disable 命令用来关闭设备 VLAN 。

【命令格式】vlan { enable | disable }

【视图】系统视图。

【参数】enable：开启设备 VLAN 特性；disable：关闭设备 VLAN 特性。

【命令使用】开启设备 VLAN 特性。

[Quidway] vlan enable

（10）display garp statistics。

【描述】display garp statistics 命令可以显示 GARP 的统计信息，如 GVRP/GMRP 接收 / 发送的报文数和丢弃的报文数。

【命令格式】display garp statistics { interface interface_list }

【视图】任意视图。

【参数】interface_list：需要显示的以太网端口列表，表示方式为 interface _list { { interface_type interface_num | interface_name } to { interface_type interface_num | interface_name } }&<1–10>。其中，interface_type 为端口类型，Interface_num 为端口号，interface_name 为端口名，命令中 &<1–10> 表示参数可重复的次数最小为 1、最大为 10 。

【命令使用】显示以太网端口 Ethernet0/1 上 GARP 的统计信息。

<Quidway> display garp statistics interface ethernet0/1

GARP statistics on port Ethernet0/1

Number Of GMRP Frames Received : 0

Number Of GVRP Frames Received : 0

Number Of GMRP Frames Transmitted : 0

Number Of GVRP Frames Transmitted : 0

Number Of Frames Discarded : 0

以上信息表示 Ethernet0/1 端口 GVRP/GMRP 接收 / 发送的报文数及丢弃

的报文数均为 0 。

（11）reset garp statistics。

【描述】reset garp statistics 命令用来清除 GARP 的统计信息，如 GVRP/GMRP 接收 / 发送的数据包和丢弃的数据包等信息。如果 reset garp statistics 命令不带参数，则表示清除所有端口的 GARP 的统计信息。

【命令格式】reset garp statistics { interface interface_list }

【视图】用户视图。

【参数】interface_list：需要清除 GARP 统计信息的以太网端口列表，表示方式为 interface_list { { interface_type interface_num | interface_name } to { interface_type interface_num | interface_name } }&<1-10>。其中，interface_type 为端口类型，interface_num 为端口号，interface_name 为端口名，命令中 &<1-10> 表示参数可重复的次数最小为 1、最大为 10 。

【命令使用】清除 GARP 的统计信。

<Quidway> reset garp statistics

四、实验步骤

（一）实验环境

1. 组网环境 1

使用交换机配置线将交换机 console 口和 PC 的 COM1 相连，如图 2-5-2（a）所示。

2. 组网环境 2

将 S3526 交换机的 Ethernet0/1 ～ Ethernet0/5 接口和 5 台 PC 机使用网线相连，另外一台 PC 机连接交换机的 Console 口，如图 2-5-2（b）所示。由实验组长为 PC 机分配 IP 地址，IP 地址范围：192.168.10.2 ～ 192.168.10.254，掩码：255.255.255.0。主机间互 ping，测试主机的连通性。192.168.10.1 255.255.255.0 是交换机的管理 IP 地址，配置给 interface VLAN1。

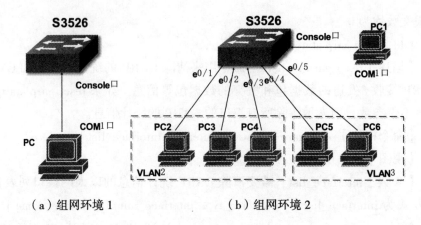

（a）组网环境1　　　　　　　（b）组网环境2

图 2-5-2　实验环境图

（二）交换机常用配置实验（注意：命令不区分大小写）

1.PC 机通过 Console 口登录交换机

（1）按照实验组网环境 1 的连接方式搭建实验环境。

（2）在 PC 机上使用超级终端软件 Hyper Terminal 软件通过主机的 COM1 端口登录到交换机的操作系统，按回车键后登录交换机，可进行交换机的配置。

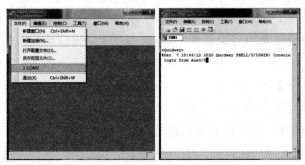

图 2-5-3　登录交换机

2.交换机常用配置

（1）使用交换机的帮助，在任何模式下输入"？"，可以查看在当前模式下所有的可用命令。

〈Quidway〉？

记录用户模式下的部分可用命令，并解释命令的用途。

（2）查看交换机当前配置。

<Quidway>display current- configuration

命令显示内容：

#

sysname Quidway　　　　　　　　// 交换机名称

#

radius scheme system　　　　　　//radius 服务器设置

server-type huawei

primary authentication 127.0.0.1 1645

primary accounting 127.0.0.1 1646

user-name-format without-domain

domain system　　　　　　　　// 域名系统设置

radius-scheme system

access-limit disable

state active

idle-cut disable

self-service-url disable

messenger time disable

domain default enable system

#

local-server nas-ip 127.0.0.1 key Huawei

#

vlan 1　　　　　　　　　　//VLAN 配置

#

interface Aux0/0　　　　　　　　//AUX 端口配置

#

interface Ethernet0/1

……　　　　　　　// 交换机 Ethernet0/1 ～ Ethernet0/1 端口配置情况

#

interface Ethernet0/24

interface NULL0   //NULL 端口配置

\#

user-interface aux 0   // 用户端口 aux 配置

user-interface vty 0 4   // 用户端口 aux 配置和 VTY 配置

（3）删除交换机当前配置，恢复出厂配置。

<Quidway>reset saved-configuration   // 重置已经保存的配置 --------

------ 以下是计算机执行命令后的显示内容 ----------------

This will delete the configuration in the flash memory.

The switch configurations will be erased to reconfigure.

Are you sure?[Y/N] y

Now clearing the configuration in flash memory.

Please wait for a while...

Clear the configuration in flash memory successfully

 <Quidway>reboot   // 重启交换机

This will reboot Switch. Continue? [Y/N] y

Dec 7 10:53:26 2020 Quidway DEV/5/DEV_LOG:

Switch is rebooted.

<Quidway>

starting......

    ****

    *   *

    * Quidway S3526 BOOTROM, Version 3.5   *

    *   *

    ****

Copyright(C) 2000-2002 by HUAWEI TECHNOLOGIES CO.,LTD.

Creation date : Jul 15 2002, 11:44:35

CPU type   : MPC8240

CPU Clock Speed : 200Mhz

BUS Clock Speed : 33Mhz

Memory Size   : 64MB

注意：实验环境下，在做实验以前要先清除前一组同学的交换机配置信息。在实际组网中，使用的交换机要慎用此命令。

（4）将交换机切换到中文模式。

<Quidway>language-mode chinese

（5）视图间的切换。

<Quidway>system-view　　　　　// 从 [用户视图] 进入 [系统视图]

[Quidway]　　　　　　　　　　// 注意提示符的变化

[Quidway] interface ethernet 0/1　// 进入交换机的 Ethernet0/1 端口

[Quidway-ethernet0/1]　　　　// 从 "系统视图" 进入 "端口视图"

从 "端口视图" 逐级退回到 "用户试图"。注意过程中提示符的变化。

[Quidway-ethernet0/1]quit　　　// 从 "端口视图" 退到 "系统视图"

[Quidway] quit　　　　　　　　// 从 "系统视图" 退到 "用户视图"

<Quidway>

从 "端口视图" 一次性退回到 "用户视图"。

[Quidway]return

<Quidway>

（6）配置远程登录（Telnet）用户。PC 机可以通过 Ethernet 端口，使用 Telnet 的方式登录交换机。首先要在交换机上配置用户接口的 VTY（Virtual Teletype Terminal）属性，其次在 PC 机上启用 Telnet 客户端，在命令模式下使用 Telnet 登录交换机。

①交换机上 VTY 的属性配置。

[Quidway]user-interface vty 0 4　　　// 进入用户端口界面

【参数】user-interface：用户界面；VTY 指虚拟终端；0 4：0～4 表示可同时打开 5 个会话，进入交换机后去配置命令，并且使用的配置都是一样的。

[Quidway-ui-vty0-4]authentication-mode password

　　　　　　　　　// 设置认证方式为密码验证方式

[Quidway-ui-vty0-4]set authentication password simple 202012

　　　　　　　　　// 设置登录验证的 password 为明文密码 "202012"

[Quidway-ui-vty0-4]user privilege level 3

　　　　　　　　　// 配置登录用户的级别为最高级别 3(缺省为级别 1)

[Quidway-ui-vty0-4]quit

[Quidway]

远程登录配置完毕后，在同一网络上的其他网络设备或 PC 机上可以启用 Telnet 的客户端登录到交换机上，进行交换机配置，能够 Telnet 到交换机上的前提是 PC 机要能 ping 通交换机的管理 IP 地址。

②交换机管理 IP 地址配置方式。（注意交换机的 VLAN1 为管理 VLAN）

[Quidway]interface vlan1　　　　// 进入 VLAN1 接口

[Quidway–interface–vlan 1]ip address 192.168.10.1 255.255.255.0

　　　　　　　　// 为 VLAN1 配置管理 IP 地址

③ PC 机上测试。

首先在 Windows 7 后的操作系统上启用 Telnet 客户端。

方法:【控制面板】→【程序和功能】→【打开或关闭 Windows 功能】→ 在 Telnet Client 选项前打 "√"，打开 Telnet 客户端，如图 2-5-4 所示。

图 2-5-4　在 Windows 下打开 Telnet 客户端

其次，通过 Telnet 的方式登录交换机:【Win+R】→ Telnet 192.168.10.1，如图 2-5-5 所示。

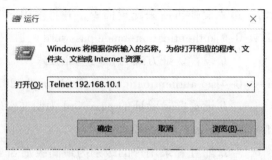

图 2-5-5　"运行" 界面登录交换机

按照实验组网 2 的连接方式，完成组网，接入交换机 Ethernet 端口的 PC 机可以通过 Telnet 的方式登录交换机，进行以下的配置练习。

（7）更改主机名。

[Quidway] sysname DALI　　　　　// 将交换机更名为 DALI

[DALI]undo sysname DALI　　　　 // 删除主机名

[Quidway]

3. 交换机 STP 配置

[Quidway]stp enable　　　　　　 // 全局使能 STP 功能

（1）将当前交换机配置为树根。

方法一：将交换机的 Bridge 优先级设置为 0。

[Quidway] stp priotity 0

方法二：将交换机指定为树根。

[Quidway] stp root primary

（2）在各个指定端口上启动根保护功能。

[Quidway]interface Ethernet 0/1

[Quidway –Ethernet0/1]stp root-protection

（3）如果交换机不是树根，则将接 PC 机的端口的 STP 功能关闭，或者配置为边缘端口，启用 BPDU 保护功能（如 PC 机连接到交换机 Ethernet0/3 端口）。

[Quidway –Ethernet0/3]stp disable　　　// 关闭端口 STP 功能

或者：

[Quidway –Ethernet0/3]stp edged-port enable　// 将端口配置为边缘端口

[Quidway]stp bpdu-protection　　　　　// 启用 BPDU 保护

4. 交换机端口配置（在交换机端口模式下设置）

[Quidway]interface Ethernet0/1　　　　// 进入交换机 Ethernet0/1 端口

[Quidway-Ethernet0/1]　　　　　　　// 注意提示符的变化

（1）给交换机的端口加入一段描述，内容为自己的学号。

[Quidway-Ethernet0/1]description "my number is 2017118110"

（2）将交换机端口 Ethernet0/1 配置为 100Mb/s、全双工。

[Quidway-Ethernet0/1]speed 100　　　　// 设置端口速率为 100Mb/s

[Quidway-Ethernet0/1]duplex full　　　　// 设置端口工作在全双工模式下

（3）显示端口 ethernet0/1 的信息并且记录。

[Quidway-Ethernet0/1]display interface ethernet 0/1

记录显示内容，并分析显示内容（注意：此命令可以在任何视图下使用）。

（4）关闭端口，打开端口。

[Quidway-Ethernet0/1]shutdown　　　　　　　// 关闭端口

[Quidway-Ethernet0/1]undo shutdown　　　　　// 打开端口

（5）给端口做本地回环测试。

[Quidway-Ethernet0/1]loopback internal

（6）开启端口流量控制。

[Quidway-Ethernet0/1]flow-control

[Quidway-Ethernet0/1]return

< Quidway>

（7）清除端口统计信息。

< Quidway>reset counters interface Ethernet0/1

< Quidway>display interface Ethernet0/1

// 查看端口统计信息是否已经清除

记录配置脚本，记录所有 display 命令的返回内容。

5.VLAN 配置

（1）开启 VLAN 特性。

[Quidway]vlan enable　　　　　　　　// 开启全局 VLAN 特性

（注意：交换机默认设置中 VLAN 特性是打开的）

（2）创建 VLAN 2 给 VLAN 2 加一段描述。

[Quidway]vlan 2　　　　　　　　　　// 创建 VLAN 2 并进入 VLAN2

[Quidway-vlan 2]description test-vlan2　　// 给 VLAN 2 加一段描述

（3）将交换机端口 ethernet 0/1.0/2.0/3 加入 VLAN 2。

[Quidway-vlan 2]port ethernet 0/1 to ethernet 0/3

（4）显示 VLAN 2 的信息。

[Quidway-vlan 2]display vlan 2

记录显示内容。

[Quidway-vlan 2]quit　　　　　　　　　// 退出

[Quidway]

（5）配置 VLAN 2 接口。

[Quidway]interface vlan 2　　　　　　　　　// 进入 VLAN2 接口

（6）显示 VLAN2 接口信息。

[Quidway-interface-vlan 2]display interface vlan 2　// 显 示 VLAN2 接 口信息

记录显示内容，并加以解释。

（7）创建并进入 VLAN3。

[Quidway]vlan 3

[Quidway-vlan 3]

（8）将交换机端口 Ethernet 0/4.0/5 加入 VLAN 3。

[Quidway-vlan 3]port Ethernet 0/4 Ethernet 0/5

[Quidway-vlan 3]display VLAN3　　　　　　　　// 查看 VLAN3

记录并分析显示内容。

使用 ping 命令，测试 VLAN 内部的主机的连通性，以及 VLAN 之间主机的连通性。PC 机通过 Ethernet 接口是否还可以使用 Telnet 的方式登录交换机？为什么？记录 ping 的结果并分析原因。

6. 查看交换机上的所有配置

[Quidway]display current-configration

记录并分析显示内容，查看所有的实验设置是否成功。

五、实验报告要求

（1）记录整个实验的配置脚本。

（2）按照实验步骤的要求记录实验内容。

（3）记录实验中出现的问题以及解决的方法。

六、思考题

（1）简述交换机是如何通过自学习算法建立转发表的？

（2）什么是广播风暴？交换机的哪几项设置可以抑制广播风暴？

（3）简述 STP 的原理及作用。

（4）为什么要在网络中划分 VLAN？ VLAN 的作用有哪些？

实验六　交换机三层功能配置

一、实验目的

（1）掌握三层交换机的功能的配置方法；

（2）掌握使用 VLAN 划分虚拟局域网的方法；

（3）掌握在交换机中使用三层功能实现 VLAN 间的互联配置；

（4）掌握静态路由的基本原理及应用，在 S3526 中配置 VLAN 间的静态路由；

（5）了解直接路由和间接路由的概念。

二、实验设备

（1）运行 Windows 7 操作系统的 PC 机；

（2）Quidway S3526 交换机；

（3）网线；

（4）Quidway S3526 交换机配置线。

三、实验原理及实验内容

（一）三层交换机的功能

　　三层交换机工作在 OSI 的第三层网络层，具有部分路由功能。三层交换机的数据包转发使用硬件高速转发，数据转发速度比路由器更快。三层交换机在实现二层转发数据时，还是基于 MAC 寻址。在启用三层功能时，交换机是基于 IP 地址进行数据转发的。除路由信息更新、路由表维护、启用路由算法和进行路由决策等与路由相关的功能是由软件实现外，三层交换机大部分的数据转发还是由二层功能实现的。三层交换机通过硬件交换的方式实现了 IP 路由转发，解决了传统路由器的软件路由的速度问题，这样提高了数据转发的效率。

　　三层交换机的应用非常广泛。区域骨干网、城域骨干网的汇聚层一般都使用三层交换机。在企业网和校园网组网中，三层交换机一般被用于核心层和汇聚层的数据交换。当网络中的主机数量超过一定的数量时（根据通信协议不同，数量不同，一般 200 台左右），就可能因为网络中传送大量的广播信息，导致网络传输效率低下。为了避免广播风暴的影响，大型网络一般采取划分虚拟局域网（VLAN）的方法来隔离广播。而不同 VLAN 间的通信，要通过三层交换机来实现。三层交换机具有传统二层交换机所没有的特性。

1. 高性价比

三层交换机可以连接大型网络，功能与一些传统路由器一样，但是价格比相同功能的路由器低，和高端二层交换机价格接近。

2. 内置安全机制

三层交换机可以设置访问控制列表，在 VLAN 间实现访问隔离，还可根据不同的 IP 段，实现不同的网络访问控制，同时，也可以控制外网的访问权限，提高网络的安全性。

3. 适合多媒体传输

三层交换机具有 QoS（服务质量）的控制功能，可以为不同的应用程序分配不同的带宽。对于多媒体信息的传输，三层交换机可以预留专用带宽，用于视频流传输。

4. 拥有计费功能

对于有计费需求的网络，如校园网等，三层交换机可以统计网络中计算机的数据流量和上网时间，实现按流量或按时长进行计费。

本次实验通过三层交换机实现局域网的 VLAN 划分，并使用三层交换机的静态路由协议实现 VLAN 间的数据通信。

（二）S3526 交换的三层配置命令

1. 基于 VLAN 接口的 IP 地址配置命令

（1）display ip host 命令。

【描述】display ip host 命令用来显示所有主机名及其对应的主机 IP 地址。

【视图】任意视图。

【参数】无。

【命令使用】显示所有主机名及其对应的主机 IP 地址。

<Quidway> display ip host

（2）display ip interface。

【描述】display ip interface 命令用来显示接口的相关信息。

【命令格式】display ipinterface { interface-type linterface-number }。

【视图】任意视图。

【参数】interface-type：端口类型；interface-number：端口编号。

【命令使用】显示 VLAN 接口 1 的相关信息，见表 2-6 所示。

\<Quidway\> display ip interface vlan-interface 1

Vlan-interface1 current state：DOWN

Line protocol current state：DOWN

Internet Address is 1.1.1.1/8 Primary

Broadcast address：1.255.255.255

The Maximum Transmit Unit：1500 bytes

input packets：0, bytes：0, multicasts：0

output packets：0, bytes：0, multicasts：0

DHCP packet deal mode：global

表2-6　VLAN接口1的显示信息描述

信息名	描　述
Vlan-interface1 current state	虚接口当前状态
Line protocol current state	协议当前状态
Internet Address	IP 地址
Broadcast address	广播地址
The Maximum Transmit Unit	最大传输单元
input packets：0, bytes：0, multicasts：0 output packets：0, bytes：0, multicasts：0	输入 / 输出单播包数字节数广播包数均为 0
DHCP packet deal mode: global	报文处理方式为 global

（3）ip address。

【描述】ip address 命令用来给 VLAN 接口 /LoopBack 接口指定 IP 地址和掩码，undo ip address 命令用来删除 VLAN 接口 /LoopBack 接口的 IP 地址和

掩码。缺省情况下，所有 VLAN 接口 /LoopBack 接口的 IP 地址为空。在一般情况下，一个 VLAN 接口 /LoopBack 接口配置一个 IP 地址即可，但为了使交换机的一个 VLAN 接口 /LoopBack 接口可以与多个子网相连，一个 VLAN 接口 /LoopBack 接口最多可以配置 10 个 IP 地址，其中一个为主 IP 地址，其余为从 IP 地址。主从地址的配置关系为，当配置主 IP 地址时如果接口上已经有主 IP 地址，则原主 IP 地址被删除，新配置的地址成为主 IP 地址。

【命令格式】ip address ip-address { mask | mask-length } [sub]

　　　　　　 undo ip address [ip-address { mask | mask-length } [sub]]

【视图】VLAN 接口视图；LoopBack 接口视图。

【参数】ip-address：VLAN 接口的 IP 地址为点分十进制格式；mask：VLAN 接口 IP 地址相应的子网掩码为点分十进制格式；mask-length：子网掩码长度即 IP 地址中 1 的长度；sub：该地址为 VLAN 接口 /LoopBack 接口的从 IP 地址。

注意：

undo ip address 命令不带任何参数时，表示删除该接口的所有 IP 地址。

undo ip address [ip-address { mask | mask-length } 表示删除主 IP 地址。

undo ip address [ip-address { mask | mask-length } sub 表示删除从 IP 地址。

当 VLAN 接口被配置为通过 BOOTP 或 DHCP 分配 IP 地址后，则不能再给该 VLAN 接口配置从 IP 地址。

【命令使用】指定 VLAN 接口 1 的 IP 地址为 129.12.0.1，子网掩码为 255.255.255.0。

[Quidway-Vlan-interface1] ip address 129.12.0.1 255.255.255.0

（4）ip host。

【描述】ip host 命令用来设置主机名和对应的主机 IP 地址；undo ip host 命令用来删除主机名及其对应的 IP 地址。缺省情况下，主机名及其对应的 IP 地址为空。

【命令格式】ip host hostname{ ip-address }

　　　　　　 undo ip host hostname [ip-address]

【视图】系统视图。

【参数】hostname：主机名，取值范围为 1 ～ 20 个字符的字符串，字符串中可以包含字母、数字、"_"且必须至少包含一个字母；ip-address：主机 IP 地址即与主机名对应的 IP 地址为点分十进制类型。

【命令使用】设置主机名 Lanswtich1 对应的 IP 地址为 10.110.0.1

[Quidway] ip host Lanswtich1 10.110.0.1

2.arp 配置命令

（1）arp static。

【命令格式】arp static{ ip-address | mac-address | vlan-id | interface-type interface-number }

undo arp ip-address

【描述】arp static 命令用来配置 ARP 映射表中的静态 ARP 映射项；undo arp 命令用来删除 ARP 映射项，缺省情况下系统 ARP 映射表为空地址映射，由动态 ARP 协议获取。

【视图】系统视图。

【参数】ip-address：ARP 映射项的 IP 地址部分；mac-address：ARP 映射项的 MAC 地址部分，格式为 H-H-H；vlan-id 静态 ARP 表项所属的 VLAN，取值范围为 1 ～ 4094；interface-type：端口类型；interface-number：端口号。

需要注意的是，静态 ARP 映射项在以太网交换机正常工作时间范围内一直有效，动态 ARP 映射项的缺省有效时间为 20 分钟。

参数 vlan-id 必须是用户已经创建好的 VLAN 的 ID，且 vlan-id 参数后面指定的以太网端口必须属于这个 VLAN。

如果某端口为聚合端口或启动了 LACP 协议，则不能被指定为静态 ARP 的出端口。

【命令使用】配置的 IP 地址 202.38.10.2 对应的 MAC 地址为 00e0-fc01-0000，属于 VLAN1 的以太网端口 Ethernet0/1 。

[Quidway] arp static 202.38.10.2 00e0-fc01-0000 1 ethernet0/1

（2）display arp。

【描述】display arp 命令用来显示 ARP 映射表。

【命令格式】display arp {ip-address | dynamic | static }

【视图】任意视图。

【参数】dynamic：显示动态 ARP 映射项；static：显示静态 ARP 映射项；ip-address：按照指定的 IP 地址显示 ARP 映射项。

【命令使用】显示所有 ARP 映射项。

<Quidway> display arp（表 2-6-2）

Type：S–Static D–Dynamic

IP Address MAC Address VLAN ID Port Name Aging Type

10.1.1.2 00e0–fc01–0102 N/A N/A N/A S

10.110.91.175 0050–ba22–6fd7 1 Ethernet0/1 20 D

——— 2 entries found ———

表2-6-2 display arp 显示信息描述

信息名	描　述
IP Address	ARP 映射项的 IP 地址
MAC Address	ARP 映射项的 MAC 地址
VLAN ID	映射项所属的 VLAN ID
Port Name	ARP 映射项所属的端口名
Aging	动态 ARP 映射项的有效时间单位为分钟
Type	ARP 类型

（3）reset arp。

【描述】reset arp 命令用来清除 ARP 映射项。

【命令格式】reset arp { dynamic | static | interface–type interface–number }

【视图】用户视图。

【参数】dynamic：清除动态 ARP 映射项；static：清除静态 ARP 映射项；interface–type interface–number：清除与指定了 interface–type 端口类型、interface–number 端口编号参数的端口相关的 ARP 映射项。

【命令使用】清除静态 ARP 映射项。

<Quidway> reset arp static

3. ip 性能配置命令

（1）display icmp statistics。

【描述】display icmp statistics 命令用来显示 ICMP 流量统计信息。

【命令格式】display icmp statistics

【视图】任意视图。

【参数】无。

【命令使用】显示 ICMP 流量统计信息。

<Quidway> display icmp statistics

（2）display ip statistics。

【描述】display ip statistics 命令用来显示 IP 流量统计信息。

【命令格式】display ip statistics

【视图】任意视图。

【参数】无。

【命令使用】显示 IP 流量统计信息。

<Quidway> display ip statistics

（3）display tcp statistics。

【描述】display tcp statistics 命令用来显示 TCP 流量统计信息。

【命令格式】display tcp statistics

【视图】任意视图。

【参数】无。

注意：统计信息主要分为发送和接收两大部分，每部分再细分为不同类型报文，如接收的有重复的报文、校验和错误报文等。还有一些与连接密切相关的统计信息，如接受的连接数、重传报文数、保活探测报文数等，以上信息大都是以数据包为单位，个别信息将给出字节数。

【命令使用】显示 TCP 流量统计信息。

[Quidway] display tcp statistics

（4）display tcp status。

【描述】display tcp status 命令用来显示全部 TCP 连接的状态，使用户随时监控 TCP 连接。

【命令格式】：display tcp status

【视图】任意视图。

【参数】无。

【命令使用】显示全部 TCP 连接状态。

<Quidway> display tcp status

（5）reset ip statistics。

【描述】reset ip statistics 命令用来清除 IP 统计信息。

【命令格式】reset ip statistics

【视图】用户视图。

【参数】无。

【命令使用】清除 IP 统计信息。

<Quidway> reset ip statistics

（6）reset tcp statistics。

【描述】reset tcp statistics 命令用来清除 TCP 流量统计信息。

【命令格式】reset tcp statistics

【视图】用户视图。

【参数】无。

【命令使用】清除 TCP 流量统计信息。

<Quidway> reset tcp statistics

4. 静态路由协议配置

（1）ip route-static。

【描述】ip route-static 命令用来配置静态路由。undo ip route-static 命令用来删除静态路由配置。缺省情况下系统可以获取到与路由器直接相连的子网路由。在配置静态路由时，如果不指定优先级，则缺省为命令 ip route-static default-preference 指定的值，该值在缺省情况下为 60。 如果系统中存在到同一目的地址下一跳不相同、preference 不同的两条静态路，系统就会优先选择 preference 值小即优先级较高的作为当前路由。

【命令格式】ip route-static ip-address { mask | mask-length } { interface-type interface-number | gateway-address } [preference preference-value]

undo ip route-static ip-address {mask | mask-length} [interface-type interface-number | gateway-address] [preference preference-value]

【视图】系统视图。

【参数】ip-address：目的 IP 地址用点分十进制格式表示；mask：掩码，mask-length：掩码长度，即掩码中连续 1 的位数；interface-type：接口类型；interface-number：指定下一跳接口；null：该接口是一种虚拟接口，到这个接口的数据包会被立即丢弃；gateway-address：指定该路由的下一跳 IP 地址，用点分十进制格式表示；preference-value：该路由的优先级别，范围为 1 ～ 255；reject：指明为不可达路由，当到某一目的地的静态路由具有 reject 属性时，任何去往该目的地的 IP 报文都将被丢弃，并且通知源主机目的地不可达。

注意：目的 IP 地址和掩码均为 0.0.0.0 的路由是缺省路由，当查找路由表失败后，根据缺省路由进行包的转发。对优先级的不同配置，可以灵活应用路由管理策略。

【命令使用】配置的缺省路由的下一跳为 129.102.0.2

[Quidway] ip route-static 0.0.0.0 0.0.0.0 129.102.0.2

（2）ip route-static default-preference。

【描述】ip route-static default-preference 命令用来配置静态路由的缺省优先级。undo ip route-static default-preference 命令用来恢复该缺省优先级的值。配置静态路由时，如果不指定该路由的优先级，则其优先级为缺省优先级的值。

【命令格式】ip route-static default-preference{ default-preference-value }

undo ip route-static default-preference

【视图】系统视图。

【参数】default-preference-value：静态路由的缺省优先级的值为 60。

【命令使用】配置的静态路由的缺省优先级为 120。

[Quidway] ip route-static default-preference 120

（3）display ip routing-table。

【描述】display ip routing-table 命令用来查看路由表的摘要信息。该命令以摘要形式显示路由表信息每一行代表的一条路由内容，包括目的地址、掩码长度协议优先级、度量值、下一跳、输出接口等信息。使用 display ip routing-table 命令仅能查看到当前被使用的路由，即最佳路由。

【命令格式】display ip routing-table（表 2-6-3）

【视图】任意视图。

【参数】无。

【命令使用】查看当前路由表的摘要信息。

<Quidway> display ip routing-table

Routing Table : public net

Destination/Mask Protocol Pre Cost Nexthop Interface

10.153.25.0/24 DIRECT 0 0 10.153.25.200 Vlan−interface1

10.153.25.200/32 DIRECT 0 0 127.0.0.1 InLoopBack0

127.0.0.0/8 DIRECT 0 0 127.0.0.1 InLoopBack0

127.0.0.1/32 DIRECT 0 0 127.0.0.1 InLoopBack0

表2-6-3　display ip routing-table 显示信息描述

信息名	描　述
display ip routing−table	命令显示信息解释
Destination/Mask	目的地址 / 掩码长度
Protocol	发现该路由的路由协议
Pre	路由的优先级
Cost	路由的开销值
Nexthop	此路由的下一跳地址
Interface	输出接口即到该目的网段的数据包将从此接口发出

（4）display ip routing−table ip_address。

【描述】display ip routing−table ip_address 命令用来查看指定目的地址的路由信息，使用不同的可选参数，命令的输出也不相同。

【命令格式】display ip routing-table{ ip_address | mask | longer−match |verbose }

【视图】任意视图。

【参数】ip_address：目的 IP 地址，用点分十进制格式表示；mask IP：地址掩码，以点分十进制格式或以整数形式表示长度，当用整数时取值范围为 0 ～ 32；longer−match：自然掩码范围内匹配的所有目的地址路由；verbose：当使用该参数时显示处于 active 状态和 inactive 状态的路由的详细信息，如果不使用该参数就只显示处于 active 状态的路由的摘要信息。

【命令使用】

①查看在自然掩码范围内有所有相应路由的摘要信息。

<Quidway> display ip routing-table 169.0.0.0

Destination/Mask ProtocolPre Cost Nexthop Interface

169.0.0.0/16 Static 60 0 2.1.1.1 LoopBack1

②如果在自然掩码范围内没有相应的路由，只显示最长匹配的路由摘要信息。

<Quidway> display ip routing-table 169.253.0.0

Destination/Mask ProtocolPre Cost Nexthop Interface

169.0.0.0/8 Static 60 0 2.1.1.1 LoopBack1

③查看在自然掩码范围内有相应路由的详细信息。

<Quidway> display ip routing-table 169.0.0.0 verbose

（5）display ip routing-table protocol。

【描述】display ip routing-table protocol 命令用来查看指定协议的路由信息。

【命令格式】display ip routing-table protocol protocol [inactive | verbose]

【视图】任意视图。

【参数】protocol：该参数有以下多种可选值，direct 显示直连路由信息；static 显示静态路由信息；bgp 显示 BGP 路由信息；ospf 显示 OSPF 路由信息；ospf-ase 显示 OSPF ASE 路由信息；ospf-nssa 显示 OSPF NSSA 路由信息；rip 显示 RIP 路由信息；inactive 显示处于 inactive 状态的路由信息，如果不使用该参数，则显示处于 active 和 inactive 状态的路由信息；verbose 参数被使用时显示路由的详细信息，不被使用时只显示路由的摘要信息。

【命令使用】

①查看所有直连路由的摘要信息。

<Quidway> display ip routing-table protocol direct

②查看静态路由表。

<Quidway> display ip routing-table protocol static

（6）display ip routing-table statistics。

【描述】display ip routing-table statistics 命令用来查看路由的统计信息。路由的统计信息包括路由总数目，协议添加、删除路由的数目，打上 deleted 标志没有删除的路由，active 路由和 inactive 路由数目。

【命令格式】display ip routing-table statistics

【视图】任意视图。

【参数】无。

【命令使用】查看路由的统计信息。

<Quidway> display ip routing-table statistics

（7）display ip routing-table verbose。

【描述】display ip routing-table verbose 命令可查看路由表的全部详细信息，首先显示用于路由状态描述的符号，其次输出整个路由表的统计数字，最后依次输出每条路由的详细信息。使用 display ip routing-table verbose 命令能查看到当前所有的路由，包括未激活的和无效的路由。

【命令格式】display ip routing-table verbose

【视图】任意视图。

【参数】无。

【命令使用】查看路由表的全部详细信息。

<Quidway> display ip routing-table verbose

四、实验步骤

（一）实验环境

组网（图 2-6-1）及注意事项。

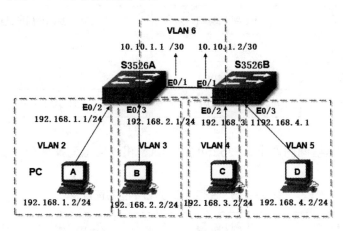

图 2-6-1　实验组网图

（1）将 2 台 S3526 交换机和 4 台主机按照图 2-6-1，用双绞线连接好。

（2）要求交换机级联端口配置为 100Mb/s，全双工。

（3）将两台交换机的级联端口配置为 Trunk 口，在交换机的端口配置模式下进行配置。

端口模式：port link-type trunk

port trunk permit vlan all

S3526 交换机的端口有三个模式：Access、Trunk 和 Hybrid。Access 类型端口只能属于 1 个 VLAN，一般用于连接计算机端口。Trunk 类型端口可以允许多个 VLAN 通过，可以接收和发送多个 VLAN 报文，一般用于交换机与交换机相连的接口。Hybrid 类型端口可以允许多个 VLAN 通过，可以接收和发送多个 VLAN 报文，可以用于交换机间的连接，也可以用于连接用户计算机。

（二）数据分配

第一，将交换机 A 更名为 S3526A、交换机 B 更名为 S3526B，如图 2-6-1 所示。

第二，Vlan 及端口设置。

（1）根据组网图要求，S3526A 的 VLAN 相关信息配置见表 2-6-4 所列。

表 2-6-4　S3526A的VLAN信息配置表

VLAN 号	VLAN 端口	VLAN 接口的 IP 地址
2	Ethernet0/2	192.168.1.1/24
3	Ethernet0/3	192.168.2.1/24
6	Ethernet0/1	10.10.1.1/30

（2）根据组网图要求，S3526B 的 VLAN 相关信息配置见表 2-6-5 所列。

表 2-6-5　S3526B的VLAN信息配置表

VLAN 号	VLAN 端口	VLAN 接口的 IP 地址
4	Ethernet0/2	192.168.3.1/24
5	Ethernet0/3	192.168.4.1/24

VLAN 号	VLAN 端口	VLAN 接口的 IP 地址
6	Ethernet0/1	10.10.1.2/30

第三，路由配置表。

（1）根据组网图要求，S3526A 的路由配置见表 2-6-5 所列。

表 2-6-6　S3526A路由配置表

目的网络地址	下一跳地址	路由属性
192.168.1.0/24	e0/2	直连
192.168.2.0/24	e0/3	直连
10.10.1.0/30	e0/1	直连
192.168.3.0/24	10.10.1.2	
192.168.4.0/24	10.10.1.2	

注意：直连路由配置完接口 IP 地址后由系统自动生成。

（2）按照组网图要求，S3526B 的路由配置见表 2-6-7 所列。

表 2-6-7　S3526B路由配置表

目的网络地址	下一跳地址	路由属性
192.168.3.0/24	e0/2	直连
192.168.4.0/24	e0/3	直连
10.10.1.0/30	e0/1	直连
192.168.1.0/24	10.10.1.1	
192.168.2.0/24	10.10.1.1	

第四，主机 TCP/IP 属性配置表，见表 2-6-8 所列。

表 2-6-8　主机配置表

主机名	IP 地址	子网掩码	网关
主机 A	192.168.1.2	255.255.255.0	192.168.1.1
主机 B	192.168.2.2	255.255.255.0	192.168.2.1
主机 C	192.168.3.2	255.255.255.0	192.168.3.1
主机 D	192.168.4.2	255.255.255.0	192.168.4.1

第五，静态路由的相关命令如下所示。

系统模式下：

创建一条静态路由：ip route-static [ip-address] [mask | mask-length] [gateway-address]

删除一条路由：undo ip route-static [ip-address] [mask | mask-length] [gateway-address]

显示路由表信息：display routing-table

第六，路由器的配置命令。

S3526A 的配置

———————————————— 交换机更名 ————————————————

<Quidway>system-view

[Quidway]sysname S3526A

————————————————vlan 信息配置 ————————————————

[S3526A]vlan 2

[S3526A -vlan2]port Ethernet 0/2

[S3526A -vlan2]quit

[S3526A]interface vlan 2

[S3526A -vlan-interface2]ip address 192.168.1.1 255.255.255.0

[S3526A -vlan-interface 2]quit

[S3526A]vlan 3

[S3526A-vlan3]port Ethernet 0/3

[S3526A-vlan3]quit

[S3526A]interface vlan 3

[S3526A-vlan-interface 3]ip address 192.168.2.1 255.255.255.0

[S3526A-vlan-interface 3]quit

[S3526A]vlan 6

[S3526A-vlan6]port Ethernet 0/1

[S3526A-vlan6]quit

[S3526A]interface vlan6

[S3526A-vlan-interface 6]ip address 10.10.1.1 255.255.255.252

[S3526A-vlan-interface 6]quit

—————————————————— 端口配置 ——————————————————

[S3526A]interface Ethernet 0/1

[S3526A-Ethernet 0/1]speed 100

[S3526A-Ethernet 0/1]duplex full

[S3526A-Ethernet 0/1]port link-type trunk

[S3526A-Ethernet 0/1]port trunk permit vlan all

[S3526A-Ethernet 0/1]quit

[S3526A]interface Ethernet 0/2

[S3526A-Ethernet 0/2]speed 100

[S3526A-Ethernet 0/1]duplex full

[S3526A-Ethernet 0/2]quit

[S3526A]interface Ethernet 0/3

[S3526A-Ethernet 0/3]speed 100

[S3526A-Ethernet 0/3]duplex full

 [S3526A-Ethernet 0/3]quit

—————————————————— 路由表配置 ——————————————————

[S3526A] ip route-static 192.168.3.0 255.255.255.0 10.10.1.2

[S3526A] ip route-static 192.168.4.0 255.255.255.0 10.10.1.2

[S3526A] display ip routing-table

[S3526A]display current-configuration

记录配置脚本信息、路由表的显示信息。

第七，交换机 S3526B 和 S3526A 的配置类似，在 S3526B 交换机上完成配置，记录配置脚本信息和路由表的显示信息。

第八，所有配置完成后，所有主机应该能够相互 ping 通，说明配置正确，如果有 ping 不通的情况，请查找原因，排除故障并记录。

第九，记录 ping 的结果。

五、实验报告要求

（1）按照实验步骤的要求记录实验内容。

（2）记录实验中出现的问题以及解决的方法。

六、思考题

（1）简述三层交换机和二层交换机的共同点和区别。

（2）简述三层交换在网络组网中的作用。

（3）简述三层交换机的优点。

（4）试分析三层交换机和路由器的区别。

第三章　网间互联

交换机工作在数据链路层，完成局域网内主机的数据交换。而三层交换机具有一定的路由功能，完成 VLAN 间的路由选择。但是不同网络间的互联，需要路由器来完成。

一、路由器

路由器是连接两个或多个网络的硬件设备，完成网络间的分组交换，实现网络数据的"存储转发"。它实现了 OSI 的物理层、数据链路层和网络层的功能。路由器收到数据分组后，分析数据分组中的目的 IP 地址，根据目的 IP 地址的网络号，使用路由转发算法，查找路由表，找到一条最佳路径，将数据转发出去。

路由器可以连接不同的网络，使用 TCP/IP 体系结构中第三层的 IP 协议将这些网络的异构性统一，使用相同的寻址方式和数据包结构，屏蔽这些异构网络在 OSI 下两层的不同。因此，路由器又被称为"网关"。路由器是组成 Internet 的关键设备，它构成了 Internet 的"骨架"。路由器的数据转发速度、路由算法性能直接影响了网络间数据转发的性能，进而影响整个 Internet 的运行速度。同时，路由器的可靠性也直接影响了整个 Internet 网络互联的质量。路由器工作原理图如图 3-1 所示。

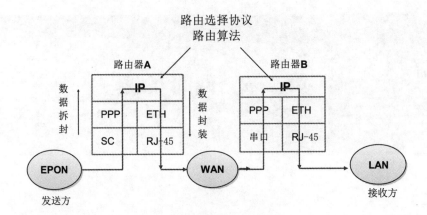

图 3-1　路由器工作原理图

总的来说，路由器的主要功能如下：

（1）使用 IP 协议，封装不同网络传来的数据，统一数据格式和寻址方式，实现异构网络的互联；

（2）对数据进行处理，包括数据包的收发，数据分组的过滤、复用、加密、压缩等功能；

（3）根据数据包中的目的 IP 地址的网络地址查找路由表，选择一条最佳路径，找到下一跳路由器，进行数据转发；

（4）使用外部网关协议 BGP，实现自治域之间的网络互联；

（5）实现网络管理的功能。

二、路由转发技术

路由器的核心功能是进行网间数据的路由转发，路由转发技术是路由器的核心技术。路由转发技术包括路由选择算法、路由选择协议。

（一）路由选择算法

根据实时网络拓扑和网络通信量的变化动态调整数据传播路径，路由选择算法可以分为静态路由选择算法和动态路由选择算法。

静态路由是由网络管理员根据网络拓扑情况，指定数据传播路径，手工输入路由信息的路由选择方法。静态路由的优点有：路由器的路由选择开销小；在小型网络上容易配置；路由更新由网络管理员人工控制完成。静态路由的缺点也很明显，它无法自适应地根据网络实时运行情况来选择数据传输路径。当网络中有线路和设备出现故障时，如果网络管理员没有发现网络故障，静态路由不改变数据传输路径，有可能会导致网络数据传输中断，产生严重的网络运行故障。同时，网络数据的通信量是实时发生变化的，而且全网的通信量一般不均衡，有的路径上突发大数据量的同时，有的路径上却处于空闲状态，这种情况时有发生。出现这种情况时，如果网络管理员没有注意到网络路径上通信量的变化，没有及时更新路径，则很可能出现网络数据时延增加，影响网络性能的情况。在大型网络和网络情况实时发生变化的Internet 上使用静态路由是不现实的。因此，在大型网络和 Internet 主干网上一般使用的是动态路由。

（二）动态路由选择协议

动态路由选择协议使用的是自适应的路由选择算法。算法会根据实时变化的网络拓扑和路径上的数据通信量进行数据转发决策，从而使数据包能够在实时变化的网络上选择最佳路由。

Internet 是一个全球性的庞大的计算机网络，为了方便和简化网络的路由选择，整个 Internet 被划分为多个较小的区域，该区域称为自治域。每个国家的 ISP、机构或公司都能申请 AS 号码，整个 Internet 的 AS 号有 65 535 个。截至 2020 年 11 月中国的 AS 号码共计 1968 个。每个自治域系统内部采用何种路由选择协议，可以根据自治域自身情况自由选择。

根据运行在自治区 AS（Autonomous System）内部还是自治域之间，动态路由选择协议分为内部网关协议或称域内路由选择协议（IGP）和外部网关协议或称域间路由选择协议（EGP）。IGP 运行在自治域内部，它通过在自治域内的路由器之间交换路由信息进行路由决策。IGP 包括多种协议，其中最常用的有 RIP、OSPF、IS-IS，IGRP 和 EIGRP，具体使用哪种 IGP 协议，由自制系统管理者根据系统情况自由选择。

根据路由选择算法的不同，IGP 协议可以分为：距离矢量（Distance-Vector，DV）路由协议和链路状态（Link-state，LS）路由协议。

（1）距离向量路由算法(Bellman-Ford Routing Algorithm)，也叫作最大流量演算法(Ford-Fulkerson Algorithm)，使用该算法的协议有 RIP 协议和 BGP 协议等。使用此类算法的路由器必须维护一张距离表，这张表的内容是全网的网络号和本路由器到达这些网络的距离（跳数），这个距离是路由器到这些网络的最短距离，以及下一跳路由器的 IP 地址或接口。路由表的更新是通过相邻路由器间交换路由信息完成的。相邻路由器每隔一段固定的时间就要交换一次路由信息，所交换的路由信息是本路由器的路由表的全部内容。RIP 协议是一种使用距离向量算法的路由协议，也是一种最早使用的动态路由协议。它适用于小型网络，因为 RIP 协议规定距离的最大值为 16，也就是一条路径上最多能经过 15 台路由器。

（2）链路状态路由选择协议是使用 Edsger Dijkstra 提出的最短路径优先（SPF）算法的协议，所以它又被称为最短路径优先协议。链路状态路由选择协议在路由器中维护了一个链路状态数据库，因此它又被称为分布式数据库协议。OSPF（Open Shortest Path First）就是一种链路状态路由选择协议。

1.OSPF 协议

OSPF 开放的最短路径优先协议适合于大、中型网络，它比距离矢量路由协议复杂得多。它将大型网络所在的自治域划分出更小的范围，称为"区域（area）"，用 32 位标识符表示。每个 area 的路由器数量不能超过 200 台，其中一个 area 作为主干区域，用点分十进制标识为 0.0.0.0。主干区域的作用是连通其他下一层区域，如图 3-2 所示。

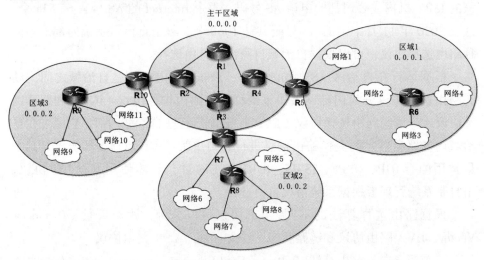

图 3-2　OSPF 区域划分图

OSPF 使用分布式的链路状态协议，每个路由器都要记录与相邻路由器的链路状态信息，链路状态用 Metric（度量）值表示。Metric 值是由链路上的距离、带宽和时延决定的。OSPF 协议维护了一个包含整个网络链路状态信息的链路状态数据库，它是由路由器间不断地交换链路状态信息得到的。路由器会使用洪泛法（Flooding）向本区域内所有路由器发送自己的链路状态信息，这个链路状态信息包括了本路由器和自己相邻的所有路由上的链路状态，以及这些相邻路由器线路上的 Metric 值。洪泛法的发送方式是将本路由器的信息发送给所有相邻路由器，相邻路由器又将这个信息发送给自己所有的相邻路由器，最终本路由器的状态链路信息会传送给本区域内的所有路由器。为了节约网络资源，路由器只有在链路状态发生变化的时候才会使用洪泛法发送信息。在路由器之间不断的交换状态链路信息后，最终每个路由器都能建立一个链路状态数据库（Link-State Database），也就是本区域内的拓扑图，这个拓扑图在区域内的所有路由器上是一致的。每个路由器根据链路状态数据库使用 Dijkstra 的算法构造出自己的路由表。

路由器在使用 OSPF 协议完成路由选择的工作过程是：

（1）了解自身直连的网络链路；

（2）通过 Hello 报文寻找可与自己交换链路信息的邻居路由器，并通过 Hello 报文维护邻居关系；

（3）创建链路状态数据包；

（4）使用 DBD 报文用于发送链路状态头部信息，使用 LSR 报文从 DBD 中找出需要的链路状态头部信息传给邻居，使用 LSU 报文将 LSR 请求的头部信息对应的完整信息发给邻居，使用 LSACK 报文确认收到的 LSU 报文，完成链路信息传递，最终形成包含网络完整链路状态信息的链路状态数据库；

（5）使用最短路径优先算法计算最佳路由。

在整个过程中路由器维护四张表：记录邻居关系路由器的邻接表、记录链路状态的链路状态数据库、通过链路状态数据库得出的 OSPF 路由表和全局路由表。

OSPF 适合大型网络，具有组播触发式更新功能，收敛速度快，链路度量值计算合理，不会产生环路等优点。因此，OSPF 是在 Internet 上使用最广泛的动态路由之一。

2.BGP 协议

BGP（BGP/BGP4：Border Gateway Protocol，边界网关协议）的功能是在

不同自治域之间交换路由信息。当两个 AS 需要交换路由信息时，每个 AS 都必须指定一个运行 BGP 的路由器，来代表 AS 与其他的 AS 交换路由信息。两个 AS 中利用 BGP 交换信息的路由器也被称为边界网关（Border Gateway）或边界路由器（Border Router）。BGP 属于外部网关路由协议，可以实现自治系统间无环路的域间路由。BGP 是沟通 Internet 广域网的主要路由协议，例如，不同省份、不同国家之间的路由大多要依靠 BGP 协议。BGP 可分为 IBGP（Internal BGP）和 EBGP（External BGP）。BGP 的邻居关系是通过人工配置实现的。BGP 路由器会周期地发送 19 B 的保持存活 keep-alive 消息来维护连接（默认周期为 30s）。IETF 先后为 BGP 制定了多个建议，RFC 4271 是当前正使用的 BGP 协议版本，称之为 BGP4。

BGP 既不是纯粹的矢量距离协议，也不是纯粹的链路状态协议，通常被称为通路向量路由协议。这是因为 BGP 在发布到一个目的网络的可达性的同时，包含了在 IP 分组到达目的网络过程中所必须经过的 AS 的列表。通路向量信息是十分有用的，因为只要简单地查找一下 BGP 路由更新的 AS 编号就能有效地避免环路的出现。

三、实验设备介绍

H3C MSR20-20 路由器是一种小型路由器。在不同的组网中可以有不同的应用，在小型网络中 MSR20-20 可以用作核心路由器，在中、大型组网中可以用作接入路由器。H3C MSR20-20 路由器的硬件配置见表 3-1 所列。

表3-1　H3C MSR20-20硬件配置表

固定接口	接口卡		处理器及内存	
Console			处理器	PowerPC
AUX	外部模块	2 个 SIC 模块	BootROM	4MB
USB			内存	SSDRAM：缺省 128MB，最大 138MB
FE（2 个电口）	内部模块	1 个 ESM 模块	CF Flash	缺省 256MB，最大 1GB
FE 交换端口				

其中，ESM 模块是 H3C MSR20-20 的网络数据加密模块，它支持 IPsec 协议，通过硬件加速 IP 数据包的加密处理，支持硬件加 / 解密和散列运算，为路由器提供了高性能、高可靠性的加密功能。

SIC (Smart Interface Card) 是路由器提供的智能接口卡。SIC 接口卡占用路由器的一个 SIC 槽位。实验室中的 H3C MSR20-20 路由器选配了两个 SIC 接口卡，一个是 SIC-1FEA 接口卡，是 1 端口 10/100Mb/s 以太网接口卡，安装在 SLOT1 槽位；另一个是 SIC-4FSW 接口卡，是 10/100Mb/s 以太网二层交换 SIC 接口卡，在路由器上提供 4 个 10/100Base-Tx 以太网端口，安装在 SLOT2 槽位，也可实现三层交换功能。选配了这两种接口卡后，实验室的 H3C MSR20-20 路由器成为一个集交换和路由功能为一体的综合网络设备。

（一）H3C MSR20-20 路由器前面板（图 3-3）

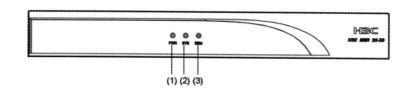

图 3-3　H3C MSR20-20 路由器前面板

指示灯名称：

（1）电源指示灯（PWR）；（2）系统指示灯（SYS）；（3）ESM 指示灯（ESM）H3C MSR20-20 路由器前面板指示灯含义见表 3-2 所列。

表3-2　H3C MSR20-20路由器前面板指示灯表

指示灯	名　称	含　义
PWR	电源指示灯	灯亮表示电源接通 灯灭表示电源没有接通
SYS	系统运行状态指示灯	灯绿色快速闪烁表示系统正在启动 灯绿色慢速闪烁表示系统正常运行 灯黄色快速闪烁表示系统出现故障 灯常灭表示系统工作不正常

续　表

指示灯	名　称	含　义
ESM	ESM 模块指示灯	灯绿色慢速闪烁表示系统正在启动 灯绿色常亮表示 ESM 卡工作正常 灯黄色常亮表示 ESM 卡有故障 灯常灭表示没有插 ESM 卡

（二）H3C MSR20-20 路由器后面板（图 3-4）

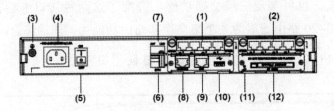

图 3-4　H3C MSR20-20 路由器后面板

各部分名称：

（1）SIC 插槽 2；（2）SIC 插槽 1；（3）接地端子；（4）电源插座；（5）电源开关；（6）固定以太网口 0（LAN0）；（7）固定以太网口 1（LAN1）；（8）配置口（CON）；（9）备份口（AUX）；（10）USB 接口；（11）CF 卡指示灯；（12）CF 卡接口。

H3C MSR20-20 路由器后面板指示灯含义见表 3-3 所列。

表 3-3　H3C MSR20-20路由器后面板指示灯含义表

指示灯	含　义
LINK	灯灭表示链路没有连通 灯亮表示链路已经连通
ACT	灯灭表示没有数据收发 灯闪烁表示有数据收发
CF	灯绿色常亮表示 CF 卡已插好 灯绿色闪烁表示 CF 卡正在读写中，此时不能拔出 灯黄色常亮表示插入的 CF 卡有故障 灯常灭表示没有插入 CF 卡或插入的 CF 卡不能被系统识别

在后面板的（1）部位安装了 SIC-1FEA 接口卡，（2）部位安装了 SIC-4FSW 接口卡（图 3-5）。

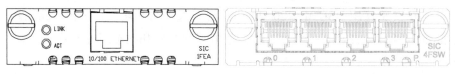

（a）SIC-1FEA 面板图　　　　　　（b）SIC-4FSW 面板

图 3-5　SIC 接口面板图

SIC 接口指示灯含义见表 3-4 所列。

表3-4　SIC接口指示灯含义表

	指示灯	含义		指示灯状态	含义
SIC-1FEA	LINK	灭：表示链路没有连通 亮：表示链路已经连通	SIC-4FSW	常亮	端口链路连通 (LINK)，无数据收发
	ACT	灭：表示没有数据收发 闪烁：表示有数据收发		灭	端口链路没有连通（没有 LINK）
				闪烁	端口不仅 LINK，且有数据收发（ACT）

H3C MSR20-20 路由器的接口编码采用二维编码方式，编码方法为 interface-type X/Y。interface-type 为端口类型，如 Serial、Ethernet、asynchronous 等。X 为槽位号，Y 为端口号。如图 3-4 所示，图中编号（6）和（7）的固定以太网口的编号为 Ethernet0/0 和 Ethernet0/1。编号（1）的 SIC-1FEA 模块的 Ethernet 端口处于 SLOT1 的位置，因此编号为 Ethernet1/0。编号（2）的 SIC-4FSW 模块处于 SLOT2 的位置，因此此模块上的 4 个 Ethernet 接口编号分别为 Ethernet2/0 、Ethernet2/1、Ethernet2/2 、Ethernet2/3。

四、本章主要的实验内容

本章实验使用 H3C MSR20-20 路由器实现网间互联，其中包括路由器基本配置、路由器的 DHCP 配置、静态路由配置实验和动态路由配置实验。

实验七　路由器常用配置

一、实验目的

（1）了解 H3C MSR20-20 路由器的组成、接口及模块；
（2）掌握路由器的登录方式；
（3）掌握路由器的 IP 配置；
（4）掌握路由器的 ARP 配置。

二、实验设备

（1）运行 Windows 操作系统的 PC 机；
（2）H3C MSR20-20 路由器交换机；
（3）H3C MSR20-20 路由器配置线；
（4）网线。

三、实验内容及步骤

（一）实验环境

实验由一台 MSR20-20 路由器和两台 PC 机组网，两台 PC 机中的 1 台需要使用配置线将本机的 RS232 串口和路由器的 Console 口相连，同时使用网线将网卡接口（RJ45）与和路由器的 Ethernet0/1 接口相连，另外一台 PC 机只需使用网线将网卡接口（RJ45）与路由器的 Ethernet0/2 接口相连，如图 3-7-1 所示。

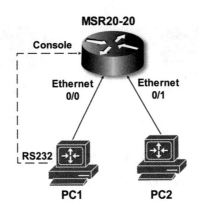

图 3-7-1　实验组网图

（二）实验步骤

1.路由器的登录配置

（1）Console 口登录。

通过路由器 Console 口登录时，需要在 PC 机上运行超级终端程序，或者使用 Hyperterminal 软件。此时，PC 上的终端软件要与 Console 的通信参数一致，才能登录到路由器上。Console 的参数值见表 3-7-1 所列。

表3-7-1　设备Console口缺省配置

属　性	缺省配置
传输速率	9600bit/s
流控方式	不进行流控
校验方式	不进行校验
停止位	1
数据位	8

PC 机通过 RSR232 端口（串口）使用专用的配置线，与路由器的 Console 口相连，连接方式如图 3-7-2 所示。

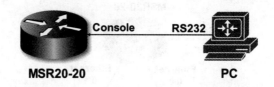

图 3-7-2　通过 Console 口登录路由器

注意：连接 PC 机串口时，需要断电，PC 机的串口不支持热插拔。

本次实验使用 Hyperterminal 软件登录。

（2）Telnet 登录。

除 Console 口登录外，PC 机还可以通过 Telnet 登录的方式登录到路由器上并进行配置管理。

在 PC 机上启用 Telnet 客户端，获取路由器的接口 IP 地址，使用 Telnet 登录即可。IP 地址的配置在下一个步骤中说明。

路由器可以配置认证方式，对使用 Telnet 登录的用户进行限制，以提高设备的安全性。路由器配置命令 authentication-mode {none |password |scheme}，可以设置 Telnet 登录的三种认证方式：none、password 和 scheme。none：表示使用 Telnet 登录设备时不需要进行用户名和密码认证，任何人都可以通过 Telnet 登录到设备上，这种情况可能会带来安全隐患。password：表示使用 Telnet 登录设备时需要进行密码认证，只有密码认证成功，用户才能登录到设备上。scheme：表示使用 Telnet 登录设备时需要进行用户名和密码认证，用户名或密码错误，均会导致登录失败。

路由器 Telnet 命令说明如下所示。

① telnet server enable 命令。

【描述】telnet server enable 命令用来启动 Telnet 服务。undo telnet server enable 命令用来关闭 Telnet 服务。缺省情况下，Telnet 服务处于关闭状态。

【命令格式】telnet server enable

　　　　　　undo telnet server enable

【视图】系统视图。

② user-interface 命令。

【描述】user-interface 命令用来进入单一或多个用户界面视图。进入单一用户界面视图进行配置后，该配置只对该用户视图有效。进入多个用户界面视图进行配置后，该配置对这些用户视图均有效。

【命令格式】user-interface { first-num1 [last-num1] | { aux | console | tty | vty } first-num2 [last-num2] }

【视图】系统视图。

【参数】first-num1：第一个用户界面的编号（绝对编号方式），一般从 0 开始；last-num1：最后一个用户界面的编号（绝对编号方式），一般从 0 开始，但不能小于 first-num1；aux：AUX 用户界面；console：Console 用户界面；tty：TTY 用户界面；vty：VTY 用户界面；first-num2：第一个用户界面的编号（相对编号方式）；last-num2：最后一个用户界面的编号（相对编号方式），但不能小于 first-num2。

③ authentication-mode 命令。

【命令格式】authentication-mode { none | password | scheme }

　　　　　　　undo authentication-mode

【视图】用户界面视图。

【参数】none：设置不进行认证；password：指定进行本地密码认证方式；scheme：指定进行 AAA 认证方式。

【描述】authentication-mode 命令用来设置用户使用当前用户界面登录设备时的认证方式。undo authentication-mode 命令用来恢复缺省情况。使用 VTY、AUX 用户界面登录的用户的认证方式为 password，使用 Console、TTY 用户界面登录的用户不需要认证。

④ set authentication password 命令。

【描述】set authentication password 命令用来设置本地认证的密码。undo set authentication password 命令用来取消本地认证的密码。缺省情况下，没有设置本地认证的密码。以明文或密文方式设置的密码，均以密文方式保存在配置文件中。

【命令格式】set authentication password [[hash] { cipher | simple } password]

　　　　　　　undo set authentication password

【视图】用户界面视图。

【参数】hash：表示以哈希值的方式保存并显示设置的密码，若不指定该参数，则表示以密文的形式保存并显示设置的密码；cipher：以密文方式设置本地认证的密码；simple：以明文方式设置本地认证的密码；password：设置的明文密码或密文密码，区分大小写。明文密码的长度范围是 1 ～ 16。密文密码的长度范围是 1 ～ 53，如果指定了 hash 参数，密文密码的长度范围是 1 ～ 110。

⑤ user privilege 命令。

【描述】user privilege level 命令用来配置从当前用户界面登录系统的用户所能访问的命令级别。undo user privilege level 命令用来恢复缺省情况。缺省情况下，通过 Console 口登录系统的用户所能访问的命令级别是 3，通过其他用户界面登录系统所能访问的命令级别是 0。

【命令格式】user privilege level

                undo user privilege level

【视图】用户界面视图。

【参数】level：命令级别，取值范围为 0 ～ 3。命令级别共分为访问、监控、系统、管理 4 个级别，分别对应标识 0、1、2、3。管理员可以根据需要改变用户所能访问的命令级别，使其在相应的权限下工作。

⑥在路由器上配置 Password 方式登录到路由器。

<H3C>system-view   // 进入系统视图

<H3C>reset saved-configeration

<H3C>reboot   // 清除路由器原有配置

[H3C]telnet server enable   // 使能设备的 Telnet 服务

% Telnet server has been started

[H3C]user-interface vty 0 4   // 设置 0 ～ 4，5 个 VTY 用户

[H3C-ui-vty0-4]authentication-mode password

// 设置的认证模式为 password

[H3C-ui-vty0-4]set authentication password simple student

 // 设置以明文方式的密码认证，密码为 student

[H3C-ui-vty0-4]user privilege level 3

// 登录的用户权限级别为 3 级

[H3C-ui-vty0-4]quit

[H3C]

记录配置脚本。尝试使用 Scheme 方式设置登录模式，记录设置的脚本。

PC 机上使用 Telnet 客户端登录的测试在下一个实验步骤中完成。

2.IP 地址配置

一般情况下，一个接口只需配置一个主 IP 地址，但在有些特殊情况下需要配置从 IP 地址。比如，一台设备通过一个接口连接了一个局域网，但该局域网中的计算机分别属于 2 个不同的子网，为了使设备与局域网中的所有计算机通信，就需要在该接口上配置一个主 IP 地址和一个从 IP 地址。

（1）display ip interface 命令。

【描述】display ip interface 命令用来显示三层接口的相关信息。如果不指定参数，则显示所有三层接口的相关信息。

【命令格式】display ip interface [interface-type interface-number] [| { begin | exclude | include } regular-expression]

【视图】任意视图。

【参数】interface-type interface-number：显示指定接口的相关信息；|：使用正则表达式对显示信息进行过滤；begin：从包含指定正则表达式的行开始显示；exclude：只显示不包含指定正则表达式的行；include：只显示包含指定正则表达式的行；regular-expression：表示正则表达式，为 1 ～ 256 个字符的字符串，区分大小写。

（2）ip address 命令。

【描述】ip address 命令用来配置接口的 IP 地址。undo ip address 命令用来删除接口的 IP 地址。

【命令格式】ip address ip-address { mask-length | mask } [sub]
undo ip address [ip-address { mask-length | mask } [sub]]

【视图】接口视图。

【参数】ip-address：接口的 IP 地址，为点分十进制格式；mask-length：子网掩码长度，即掩码中连续 "1" 的个数，取值范围为 0 ～ 32；mask：接口 IP 地址相应的子网掩码，为点分十进制格式；sub：表示该地址为接口的从 IP 地址。

实验组网中路由器 Ethernet0/1 的 IP 地址配置为 192.168.10.1，子网掩码为 255.255.255.0；Ethernet0/2 的 IP 地址配置为 192.168.20.1，子网掩码为 255.255.255.0。PC1 的 IP 地址配置为 192.168.10.2，子网掩码为 255.255.255.0，默认网关为 192.168.10.1。PC2 的 IP 地址配置为 192.168.20.2，子网掩码为 255.255.255.0，默认网关为 192.168.20.1，如图 3-7-3 所示。

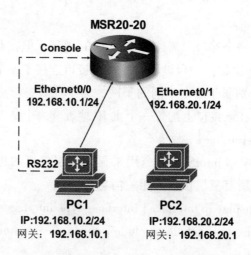

图 3-7-3　实验组网 IP 地址配置

路由器的配置：

<H3C> system-view　　　　　　　　　　// 进入系统视图

[H3C] interface Ethernet0/1　　　　　　// 进入 Ethernet0/1 接口视图

[H3C-Ethernet0/1] ip address 192.168.10.1 255.255.255.0

// 配置 Ethernet0/1 接口的 IP 地址

[H3C-Ethernet0/1]quit

[H3C]interface Ethernet0/2　　　　　　// 进入 Ethernet0/1 接口视图

[H3C-Ethernet0/2] ip address 192.168.20.1 255.255.255.0

// 配置 Ethernet0/1 接口的 IP 地址

在路由器和 PC 机上使用 ping 命令测试，看是否能相互 ping 通，在相互能 ping 通的情况下，在 PC1 和 PC2 上输入【Win+R】→【Telnet 路由器 IP】→输入密码 student，测试是否能通过 Telnet 客户端登录到路由器上。（注意：PC 机要先启用 Telnet 客户端，设置方式请查看第二章实验五）

记录配置脚本、ping 的结果和 Telnet 的窗口截图。

3. 配置 ARP

APR 协议（Address Resolution Protocol，地址解析协议）是 OSI 模型的第三层协议，它的作用是将 IP 地址转换为 MAC 地址。在局域网中转发数据的依据是 MAC 帧中的目的 MAC 地址，因此要使数据能够最终到达目的主机，需要将三层数据包中的 IP 地址转换为 MAC 地址。路由器在转发数据时应启用 ARP 协议，查找数据帧的源地址和目的地址，进行 MAC 帧的封装。在运行 ARP 协议时，协议在路由器系统的 ARP 高速缓存内生成 ARP 表。MSR20-20 的 ARP 相关配置命令如下。

（1）display arp。

【描述】display arp 命令用来显示 ARP 表项；如果不指定任何参数，则显示所有的 ARP 表项。

【命令格式】display arp [[all | dynamic | static] | vlan vlan-id | interface interface-type interface-number] [count | verbose] [| { begin | exclude | include } regular-expression]

【视图】任意视图。

【参数】all：显示所有的 ARP 表项；dynamic：显示动态 ARP 表项；static：显示静态 ARP 表项；vlan vlan-id：显示指定 VLAN 的 ARP 表项，vlan-id 的取值范围为 1 ～ 4094；interface interface-type interface-number：显示指定接口的 ARP 表项；count：显示 ARP 表项的数目；verbose：显示 ARP 表项的详细信息；|：使用正则表达式对显示信息进行过滤；begin：从包含指定正则表达式的行开始显示；exclude：只显示不包含指定正则表达式的行；include：只显示包含指定正则表达式的行；regular-expression：表示正则表达式，为 1 ～ 256 个字符的字符串，区分大小写。

（2）arp check enable。

【描述】arp check enable 命令用来使能动态 ARP 表项的检查功能。undo arp check enable 命令用来关闭动态 ARP 表项的检查功能。缺省情况下，使能动态 ARP 表项的检查功能。

【命令格式】arp check enable

undo arp check enable

【视图】系统视图。

【参数】无。

（3）arp static。

【描述】arp static 命令用来配置 ARP 映射表中的静态 ARP 表项。undo arp 命令用来删除 ARP 表项。

【命令格式】arp static ip-address mac-address [vlan-id interface-type interface-number] [vpn-instance vpn-instance-name] undo arp ip-address [vpn-instance-name]

【视图】系统视图。

【参数】ip-address：ARP 表项的 IP 地址部分；mac-address：ARP 表项的 MAC 地址部分，格式为 H-H-H；vlan-id：静态 ARP 表项所属的 VLAN，取值范围为 1 ~ 4094；interface-type interface-number：指定接口类型和编号；vpn-instance vpn-instance-name：指定静态 ARP 表项所属的 VPN；vpn-instance-name：表示 MPLS L3VPN 的 VPN 实例名称，为 1 ~ 31 个字符的字符串，区分大小写。如果未指定本参数，则表示静态 ARP 表项位于公网中。

注意：静态 ARP 表项在设备正常工作时间内一直有效，当某设备 ARP 表项所对应的 VLAN 或 VLAN 接口被删除时，如果是长静态 ARP 表项则被删除，如果是已经解析的短静态 ARP 表项则重新变为未解析状态。参数 vlan-id 用于指定 ARP 表项所对应的 VLAN，vlan-id 必须是用户已经创建好的 VLAN 的 ID，且 vlan-id 参数后面指定的以太网接口必须属于这个 VLAN。VLAN 对应的 VLAN 接口必须已经创建。指定参数 vlan-id 和 ip-address 的情况下，参数 vlan-id 对应的 VLAN 接口的 IP 地址必须和参数 ip-address 指定的 IP 地址属于同一网段。

（4）arp timer aging。

在网络中，网络拓扑在不断地发生变化，如主机开、关机，更换主机，更换网卡等都会引起 ARP 表的变化。因此，为了保持 ARP 列表随着网络的变化实时更新，ARP 列表中的项目都要设置一个老化时间。列表表项设置的时间到后，表项将自动删除。新更新的 ARP 表项会重新计时。网络管理员可以根据网络实际情况调整老化时间。

【描述】arp timer aging 命令用来配置动态 ARP 表项的老化时间。undo arp timer aging 命令用来恢复缺省情况。缺省情况下，动态 ARP 表项的老化时间为 20 分钟。

【命令格式】arp timer aging aging-time

      undo arp timer aging

【视图】系统视图。

【参数】aging-time：动态 ARP 表项的老化时间。取值范围为 1 ~ 1440，单位为分钟。

【命令使用】配置的动态 ARP 表项的老化时间为 10 分钟。

<H3C> system-view

[H3C] arp timer aging 10

（5）reset arp。

【描述】reset arp 命令用来清除 ARP 表中除授权类型外的 ARP 表项。

【命令格式】reset arp { all | dynamic | static | interface interface-type interface-number }

【视图】用户视图。

【参数】all：表示清除除授权类型外所有的 ARP 表项；dynamic：表示清除动态 ARP 表项；static：表示清除静态 ARP 表项；interface interface-type interface-number：表示清除指定接口的 ARP 表项，interface-type interface-number 用来指定接口的类型和编号。

【命令使用】清除静态 ARP 表项。

<Sysname> reset arp static

（6）ARP 配置实验。

为了防止恶意用户对路由器进行 ARP 攻击，我们增加通信的安全性。如果 S3526 的 IP 地址和 MAC 地址是固定的，可以通过在 Router 上配置静态 ARP 表项的方法防止恶意用户进行 ARP 攻击（在 S3526 上配置有关 router 的静态 ARP 表项的方法与路由器上的设置方法一样）。

步骤：

按照组网图 3-7-4 连接 PC 机、交换机和路由器。

配置主机 PC1 ～ PC3 在 192.168.10.0 255.255.255.0 网段的 IP 地址，网关为 192.168.10.1。配置主机 PC4 ～ PC6 在 192.168.20.0 255.255.255.0 网段的 IP 地址，网关为 192.168.20.1。

S3625A 配置：使用配置线连接 PC3 的串口和 S3625A 的 Console 口，登录到 S3625A 交换机上进行下列配置。

<Quidway> system-view

[Quidway]sysname S3526A

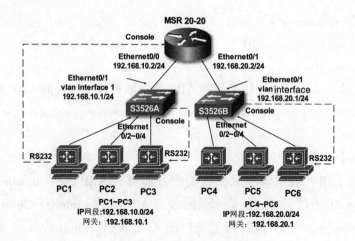

图 3-7-4　ARP 配置组网图

①进入接口 vlan-interface1，并配置 IP 地址。

[S3526A] interface vlan 1

[S3526A -vlan-interface1] ip address 192.168.10.1 255.255.255.0

[S3526A -vlan-interface1] quit

[S3526A] display interface vlan 1

记录显示结果，记录 MAC 地址，记为 MAC1。

S3625B 配置：使用配置线连接 PC6 的串口和 S3625B 的 Console 口，登录到 S3625B 交换机上进行下列配置。

<Quidway> system-view

[Quidway]sysname S3526B

②进入接口 vlan-interface1，并配置 IP 地址。

[S3526B] interface vlan 1

[S3526B -vlan-interface1] ip address 192.168.20.1 255.255.255.0

[S3526B -vlan-interface1] quit

[S3526B] display interface vlan 1

记录显示结果，记录 MAC 地址，记为 MAC2。

路由器配置：使用配置线连接 PC1 的串口和 MSR20-20 路由器的 Console 口，登录到 MSR20-20 路由器进行下列配置。

<H3C> system-view

③配置接口 IP 地址。

[H3C] interface ethernet 0/0

[H3C–Ethernet0/0] ip address 192.168.10.2 255.255.255.0

[H3C–Ethernet0/0]quit

[H3C] interface ethernet 0/1

[H3C–Ethernet0/1] ip address 192.168.20.2 255.255.255.0

[H3C–Ethernet0/1]quit

所有接口互 ping，查看接口连通性，要求所有接口能相互 ping 通，记录结果。如果 ping 不通，查找原因，解决问题。

④ ARP 配置。

[H3C] arp check enable   //启动动态 ARP 表项的检查功能

[H3C] arp static 192.168.10.1 MAC1

[H3C] arp static 192.168.20.1 MAC2

// 配置两条静态 ARP 表项，第一条的 IP 地址为 192.168.10.1，对应的 MAC 地址为 S3526A 的 interface vlan1 上的 MAC 地址 MAC1，另外一条的 IP 地址为 192.168.20.1，对应的 MAC 地址为 S3526B 的 interface vlan1 上的 MAC 地址 MAC2。

[H3C] arp timer aging 10   // 设置的动态 ARP 老化时间为 10 分钟

[H3C] display arp all   // 显示所有 ARP 表项

记录显示结果，并说明每一条显示结果的意义。

在 S3526 交换机上显示 ARP 表项，记录显示结果。

在两台 S3526 上将路由器的对应 ARP 表项设置为静态 ARP，记录结果。

记录 S3526A、S3526B 和路由器上的配置脚本。

四、实验报告要求

（1）按照实验步骤的要求，记录实验过程，分析实验结果。

（2）记录实验中出现的问题和解决的方法。

（3）记录本次实验的配置脚本。

五、思考题

（1）简述 ARP 协议的工作原理和作用。

（2）路由协议有哪些分类方式？

（3）什么是自治域？

（4）在网络中防止 ARP 攻击的方法有哪些？

（5）分析路由器和三层交换机的异同。

实验八　路由器上的 DHCP 协议配置

一、实验目的

（1）了解 DHCP 协议的工作原理和工作过程；

（2）掌握 H3C MSR20-20 路由器的 DHCP 配置的基本命令；

（3）掌握使用 H3C MSR20-20 路由器作为 DHCP 服务器的组网方法。

二、实验设备

（1）运行 Windows 操作系统的 PC 机；

（2）H3C MSR20-20 路由器交换机；

（3）设备配置线；

（4）网线。

三、实验内容及步骤

DHCP（Dynamic Host Configuration Protocol）动态主机配置协议是为网络接口动态分配 IP 地址的协议。它采用 C/S（Client/Server：客户、服务器）模式进行通信。一般由客户端向服务器端发起地址分配请求，服务器收到请求后，动态分配相应的 IP 配置信息给网络端口。

（一）DHCP 的地址分配策略

针对客户端的不同需求，DHCP 可以提供三种不同的 IP 地址分配方式。

（1）手工分配：在网络中的特定主机（如服务器的 IP 地址）可以由管理员手工分配固定的 IP 地址，通过 DHCP 将配置的固定 IP 地址发给客户端。

（2）自动分配：DHCP 为客户端分配无限长租期的 IP 地址。

（3）动态分配地址：这是使用最多的 DHCP 分配方式，大部分客户端从 DHCP 服务器获得的 IP 地址都是有期限的，到期后客户端要重新申请地址。

（二）DHCP 的工作过程（图 3-8-1）

（1）Discover 阶段：客户端在网络中发送广播报文，寻找服务器。

（2）Offer 阶段：服务器收到客户端广播的 Discover 报文，根据 IP 地址的分配策略，选择一个 IP 地址和子网掩码、网关等参数，发送给客户端。

（3）Request 阶段：如果网络中存在多台 DHCP 服务器，则客户端将会收到多个 Offer 报文。然而客户端只会接受第一个 Offer 报文，然后以广播方式发送 Request 报文，其中包含了它接受的 IP 地址。

（4）ACK 阶段：网内的所有 DHCP 服务器都能收到客户端广播的 Request 报文，只有客户端选择的 DHCP 服务器会向客户端发出回应。回应分两种情况，如果服务器将 IP 地址分配给客户端，则发送 ACK 报文，否则发送 NAK 报文，表示不能将地址分配给客户端。

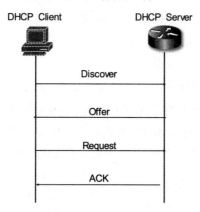

图 3-8-1　DHCP 工作过程图

（三）DHCP 地址分配原则

（1）如果存在将客户端 MAC 地址或客户端 ID 与 IP 地址静态绑定的地址池，则选择该地址池，并将静态绑定的 IP 地址分配给客户端。

（2）如果接收到 DHCP 请求报文的接口引用了扩展模式的地址池，则选择该地址池，从该地址池中选取的 IP 地址分配给客户端。如果该地址池中没有可供分配的 IP 地址，则服务器无法为客户端分配 IP 地址。

（3）如果不存在静态绑定的地址池，且接收到 DHCP 请求报文的接口没有引用扩展模式的地址池，则选择包含 DHCP 请求报文接收接口的 IP 地址（客户端与服务器在同一网段时）。

（四）DHCP 服务器

在大规模网络中，如果手工配置 IP 地址，则工作量巨大。当用户规模大于可分配 IP 地址时，不可能给每一个用户配置一个固定的 IP 地址，此时，可以使用 DHCP 服务器，动态地为用户分配地址，当用户退出网络时地址回收，再分配给其他用户使用。此时，只需为特殊主机如服务器分配固定 IP即可。

H3C MSR 20-20 路由器具有 DHCP 服务器的功能，可以在路由器上配置地址池。

地址池分为两类：

（1）普通模式地址池：可以支持静态绑定和动态分配两种分配方式。

一些特殊主机如网络中的服务器需要固定 IP 地址，此时，需要从地址池中人工分配 IP 地址及相关配置信息。配置方式可以采用客户端 MAC 地址与 IP 地址进行静态绑定，建立静态地址池。

（2）扩展模式的地址池：只支持动态分配方式。

如果接收到的 DHCP 请求报文的接口引用了扩展模式的地址池，则选择该地址池，从该地址池中选取 IP 地址并分配给客户端。如果该地址池中没有可供分配的 IP 地址，则服务器无法为客户端分配 IP 地址。

（五）DHCP 配置命令

1.启动 DHCP 服务器

dhcp enable (for DHCP server)

【描述】dhcp enable 命令用来使能 DHCP 服务。undo dhcp enable 命令用来禁止 DHCP 服务。缺省情况下，DHCP 服务处于禁止状态。

【命令格式】dhcp enable

undo dhcp enable

【视图】系统视图。

【参数】无。

2.配置 DHCP 服务器地址池

dhcp server ip-pool——创建地址池

【描述】dhcp server ip-pool 命令用来创建 DHCP 地址池并进入 DHCP 地址池视图，如果已经创建了 DHCP 地址池，则直接进入该地址池视图。undo dhcp server ip-pool 命令用来删除指定的地址池。缺省情况下，路由器没有创建 DHCP 地址池。

【命令格式】dhcp server ip-pool pool-name [extended]

undo dhcp server ip-pool pool-name

【视图】系统视图。

【参数】pool-name：DHCP 地址池名称，是地址池的唯一标识，为 1 ～ 35 个字符的字符串；extended：指定该地址池为扩展模式的地址池，如果不指定该参数，则为普通模式的地址池。

【命令使用】创建标识为 0 的 DHCP 普通模式地址池。

<H3C> system-view

[H3C] dhcp server ip-pool 0

[H3C –dhcp-pool-0]

3.配置静态绑定地址池

如果网络中一些特殊主机如服务器需要固定 IP 地址，则可以通过客户端的 MAC 地址与 IP 地址绑定的方式实现静态绑定 IP 地址及相关信息。当需要固定 IP 地址的客户端口发出 Discover 地址请求信息时，DHCP 服务器会根据客户端的 MAC 地址查找对应的 IP 地址并分配给客户端。

（1）static-bind ip-address。

【描述】static-bind ip-address 命令用来配置 DHCP 地址池中静态绑定的 IP 地址。undo static-bind ip-address 命令用来删除 DHCP 地址池中静态绑定的 IP 地址。

【命令格式】static-bind ip-address ip-address [mask-length | mask mask]

undo static-bind ip-address

【视图】DHCP 地址池视图。

【参数】ip-address：待绑定的 IP 地址，不指定掩码长度和掩码时，表示采用自然掩码；mask-length：待绑定 IP 地址的掩码长度，即掩码中连续"1"的个数，取值范围为 1 ～ 30；mask mask：待绑定 IP 地址的掩码，mask

为点分十进制形式。

注意：static-bind ip-address 命 令 必 须 与 static-bind mac-address 或 static-bind client-identifier 命令配合使用，分别配置静态绑定的 IP 地址和 MAC 地址或客户端 ID。静态绑定的 IP 地址不能是 DHCP 服务器的接口 IP 地址，否则会导致 IP 地址冲突，被绑定的客户端将无法正常获取到 IP 地址。

（2）static-bind mac-address。

【描述】static-bind mac-address 命令用来配置 DHCP 地址池中静态绑定的 MAC 地址。undo static-bind mac-address 命令用来删除 DHCP 地址池中静态绑定的 MAC 地址。

【命令格式】static-bind mac-address mac-address

undo static-bind mac-address

【视图】DHCP 地址池视图。

【参数】mac-address：待绑定的主机 MAC 地址，形式为 H-H-H。

注意：static-bind mac-address 命令必须与 static-bind ip-address 命令配合使用，分别配置静态绑定的 MAC 地址和 IP 地址。

【命令使用】将 MAC 地址为 0a01-d04e-0080 的 PC 机与 IP 地址 10.10.10.1 绑定，掩码为 255.0.0.0。

<H3C> system-view

[H3C] dhcp server ip-pool 0

[H3C –dhcp-pool-0] static-bind ip-address 10.10.10.1 mask 255.0.0.0

[H3C –dhcp-pool-0] static-bind mac-address 0a01-d04e-0080

4. 配置动态地址池

以动态分配 IP 地址的方式配置地址信息时，DHCP 服务器需要为地址池分配网段，并且一个地址池只能分配一个网段。

注意：DHCP 在使用动态分配地址的方式时，需要排除网关和静态绑定的 IP 地址，否则会产生地址冲突。

（1）network。

【描述】network 命令用来配置 DHCP 地址池动态分配的网段。undo network 命令用来删除动态分配的网段。

【命令格式】network network-address [mask-length | mask mask]

undo network

【视图】DHCP 地址池视图。

【参数】network-address：用于动态分配的网段地址，不指定掩码长度和掩码时，表示采用自然掩码。mask-length：IP 地址的网络掩码长度，取值范围为 1 ～ 30。mask mask：IP 地址的网络掩码，mask 为点分十进制形式。

【命令使用】配置的 DHCP 地址池 0 动态分配的网段为 192.168.1.0/24。

<H3C> system-view

[H3C] dhcp server ip-pool 0

[H3C –dhcp-pool–0] network 192.168.1.0 mask 255.255.255.0

（2）network ip range。

【描述】network ip range 命令用来配置地址池动态分配的 IP 地址范围。undo network ip range 命令用来删除动态分配的 IP 地址范围。

【命令格式】network ip range min-address max-address

　　　　　　 undo network ip range

【视图】DHCP 地址池视图。

【参数】min-address：动态分配的最小 IP 地址；max-address：动态分配的最大 IP 地址。

【命令使用】配置的普通模式地址池 1 动态分配的 IP 地址范围为 192.168.10.1 到 192.168.10.125。

<H3C> system-view

[H3C] dhcp server ip-pool 1

[H3C –dhcp-pool–1] network 192.168.10.0 255.255.255.0

[H3C –dhcp-pool–1] network ip range 192.168.10.1 192.168.10.125。

配置的扩展模式地址池 0 动态分配的地址范围为 10.10.10.1 到 10.10.10.125。

< H3C > system-view

[H3C] dhcp server ip-pool 0 extended

[H3C –dhcp-pool–0] network ip range 10.10.10.1 10.10.10.125

5. 配置不参与动态分配的 IP 地址

（3）forbidden-ip。

【描述】forbidden-ip 命令用来配置指定扩展模式地址池中不参与自动分配的 IP 地址。undo forbidden-ip 命令用来取消指定扩展模式地址池中不参与自动分配的 IP 地址的配置。

【命令格式】forbidden-ip ip-address&<1-8>

undo forbidden-ip { ip-address&<1-8> | all }

【视图】DHCP 扩展模式地址池视图。

【参数】ip-address&<1-8>：地址池中不参与自动分配的 IP 地址。&<1-8> 表示最多可以输入 8 个 IP 地址，每个 IP 地址之间用空格分隔。all：所有已配置的不参与自动分配的 IP 地址。

注意：只有扩展模式的地址池支持本命令。

【命令使用】配置的 DHCP 扩展模式地址池 0 中不参与分配的 IP 地址为 10.10.1.1 和 10.10.1.10。

<H3C> system-view

[H3C] dhcp server ip-pool 0 extended

[H3C-dhcp-pool-0] forbidden-ip 10.10.1.1 10.10.1.10

6. 配置 DHCP 客户端的 DNS 服务器地址

在访问 Internet 时，客户端访问的域名地址要转换为 IP 地址，因此 DHCP 服务器要在为客户端分配 IP 地址的同时指定 DNS 服务器地址。目前，每个 DHCP 地址池最多可以配置 8 个 DNS 服务器地址。

dns-list

【描述】dns-list 命令用来配置 DHCP 地址池为 DHCP 客户端分配的 DNS 服务器地址。undo dns-list 命令用来删除 DHCP 地址池为 DHCP 客户端分配的 DNS 服务器地址。

【命令格式】dns-list ip-address&<1-8>

undo dns-list { ip-address | all }

【视图】DHCP 地址池视图。

【参数】ip-address&<1-8>：DNS 服务器的 IP 地址，&<1-8> 表示最多可以输入 8 个 IP 地址，每个 IP 地址之间用空格分隔；all：所有已配置的 DNS 服务器的 IP 地址。

【命令使用】配置的 DHCP 地址池 0 为 DHCP 客户端分配的 DNS 服务器地址为 10.1.1.254。

<H3C> system-view

[H3C] dhcp server ip-pool 0

[H3C –dhcp–pool–0] dns–list 10.1.1.254

7. 配置地址池的网关

gateway–list

【描述】gateway–list 命令用来配置 DHCP 地址池为 DHCP 客户端分配的网关地址。undo gateway–list 命令用来删除 DHCP 地址池为 DHCP 客户端分配的网关地址。

【命令格式】gateway–list ip–address&<1–8>

　　　　　　　undo gateway–list { ip–address | all }

【视图】DHCP 地址池视图。

【参数】ip–address&<1–8>：网关的 IP 地址，&<1–8> 表示最多可以输入 8 个 IP 地址，每个 IP 地址之间用空格分隔；all：所有网关的 IP 地址。

【命令使用】配置的 DHCP 地址池 0 为 DHCP 客户端分配的网关地址为 192.168.1.1。

<H3C> system–view

[H3C] dhcp server ip–pool 0

[H3C–dhcp–pool–0] gateway–list 192.168.1.1

8. 配置接口工作在 DHCP 服务器模式

配置接口工作在 DHCP 服务器模式后，当接口收到 DHCP 客户端发来的 DHCP 报文时，将从 DHCP 服务器的地址池中分配地址。

dhcp select server global–pool

【描述】dhcp select server global–pool 命令用来配置工作在 DHCP 服务器模式的接口，即当接口收到 DHCP 客户端发来的 DHCP 报文时，将从 DHCP 服务器的地址池中分配地址。undo dhcp select server global–pool 命令用来取消工作在 DHCP 服务器模式的接口，即接口收到 DHCP 客户端发来的 DHCP 报文时，不会为其分配 IP 地址，也不会作为 DHCP 中继，用于转发该报文。undo dhcp select server global–pool subaddress 命令用来取消对从地址分配的支持。

【命令格式】dhcp select server global–pool [subaddress]

　　　　　　　undo dhcp select server global–pool [subaddress]

【视图】接口视图。

【参数】subaddress：支持从地址分配。即 DHCP 服务器与客户端在同一网段，当 DHCP 服务器为客户端分配 IP 地址时，优先从与服务器接口（与客户端相连的接口）的主 IP 地址在同一网段的地址池中选择地址分配给客户端，如果该地址池中没有可供分配的 IP 地址，则从与服务器接口的从 IP 地址在同一网段的地址池中选择地址分配给客户端。如果接口有多个从 IP 地址，则从第一个从 IP 地址开始依次匹配。如果未指定本参数，则只能从与服务器接口的主 IP 地址在同一网段的地址池中选择地址分配给客户端。

【命令使用】配置接口 Ethernet1/1 工作在 DHCP 服务器模式，且只能从与服务器接口（与客户端相连的接口）的主 IP 地址在同一网段的地址池中选择地址分配给客户端。

<H3C> system-view

[H3C] interface ethernet 1/1

[H3C-Ethernet1/1] dhcp select server global-pool

9. 配置 DHCP 服务的安全功能

在配置 DHCP 服务器后，为了提高 DHCP 服务的安全性，需要配置 DHCP 服务的安全功能。

dhcp server detect

【描述】dhcp server detect 命令用来使能伪 DHCP 服务器检测功能。undo dhcp server detect 命令用来禁止伪 DHCP 服务器检测功能。缺省情况下，禁止伪 DHCP 服务器检测功能。使能伪 DHCP 服务器检测功能后，DHCP 服务器会从接收到的 DHCP 报文中获取给客户端分配 IP 地址的服务器 IP 地址，并记录此 IP 地址及接收到报文的接口信息，以便管理员及时发现并处理伪 DHCP 服务器。

【命令格式】dhcp server detect

　　　　　　　undo dhcp server detect

【视图】系统视图。

【参数】无。

【命令使用】启用伪 DHCP 服务器检测功能。

<H3C> system-view

[H3C] dhcp server detect

10. 查看 DHCP 服务器的相关配置信息

（1）display dhcp server ip-in-use。

【描述】display dhcp server ip-in-use 命令用来显示 DHCP 地址池中的地址绑定信息。

【命令格式】display dhcp server ip-in-use { all | ip ip-address | pool [pool-name] } [| { begin | exclude | include } regular-expression]

【视图】任意视图。

【参数】all：显示所有 DHCP 地址池的地址绑定信息；ip ip-address：显示指定 IP 地址的地址绑定信息；pool [pool-name]：显示指定地址池的地址绑定信息；|：使用正则表达式对显示信息进行过滤；begin：从包含指定正则表达式的行开始显示；exclude：只显示不包含指定正则表达式的行；include：只显示包含指定正则表达式的行；regular-expression：表示正则表达式，为 1 ~ 256 个字符的字符串，区分大小写。

【命令使用】显示所有 DHCP 地址池的地址绑定信息。

<Sysname> display dhcp server ip-in-use all

（2）display dhcp server tree。

【描述】display dhcp server tree 命令用来显示 DHCP 地址池的信息。

【命令格式】display dhcp server tree { all | pool [pool-name] } [| { begin | exclude | include } regular-expression]

【视图】任意视图。

【参数】all：显示所有 DHCP 地址池的信息；pool [pool-name]：显示指定地址池的信息；|：使用正则表达式对显示信息进行过滤；begin：从包含指定正则表达式的行开始显示；exclude：只显示不包含指定正则表达式的行；include：只显示包含指定正则表达式的行；regular-expression：表示正则表达式，为 1 ~ 256 个字符的字符串，区分大小写。

【命令使用】显示所有 DHCP 地址池的信息。

<Sysname> display dhcp server tree all

11.DHCP 配置实验（图 3–8–2）

（1）组网图。

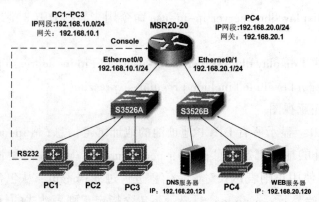

图 3-8-2　DHCP 实验组网图

配置要求：按照组网图使用相应的线缆连接网络；把 PC1 ～ PC4 主机和 Web 服务器的 IP 属性设置为自动获取 IP 地址和自动获取 DNS 地址；配置的 DNS 服务器的 IP 地址为 192.168.20.121/24，网关为 192.168.20.1；在 Web 服务器上使用 ipconfig/all 命令查看并记录其 MAC 地址 MAC1；在 MSR20-20 路由器上启用 DHCP 服务，要求配置两个地址池，地址池 0 的网段为 192.168.10.0 255.255.255.0；地址池 1 的网段为 192.168.20.0 255.255.255.0。在地址池 1 中禁用 DNS 服务器的 IP 地址 192.168.20.121，使用静态绑定的方式绑定 Web 服务器的 IP 地址和 MAC 地址 MAC1；启动 DHCP 安全设置。

（2）配置步骤。

<H3C> system–view

[H3C] sysname RouterA

[RouterA] dhcp enable　　　　　　　　// 启动 DHCP 服务

①配置接口 Ethernet0/0 和 Ethernet0/1 的 IP 地址和工作在 DHCP 服务器模式。

[RouterA] interface ethernet 0/0

[RouterA–Ethernet0/0] IP address 192.168.10.1 255.255.255.0

[RouterA–Ethernet0/0] dhcp select server global–pool

[RouterA–Ethernet0/0] quit

[RouterA] interface ethernet 0/1

[RouterA–Ethernet0/1] IP address 192.168.20.1 255.255.255.0

[RouterA–Ethernet0/1] dhcp select server global–pool

[RouterA–Ethernet0/1] quit

②配置不参与自动分配的 IP 地址（DNS 服务器、WEB 服务器和网关地址）。

[RouterA] dhcp server forbidden–ip 192.168.20.1

[RouterA] dhcp server forbidden–ip 192.168.10.1

[RouterA] dhcp server forbidden–ip 192.168.20.120

[RouterA] dhcp server forbidden–ip 192.168.20.121

③配置 DHCP 父地址池 0 的共有属性（网段、网关、DNS 服务器地址）。

[RouterA] dhcp server ip–pool 0

[RouterA–dhcp–pool–0] network 192.168.20.0 mask 255.255.255.0

[RouterA–dhcp–pool–0] dns–list 192.168.20.121

[RouterA–dhcp–pool–0] gateway–list 192.168.20.1

[RouterA–dhcp–pool–0] quit

④配置 DHCP 子地址池 1 的属性（网段、网关、地址租用期限、WINS 服务器地址）。

[RouterA] dhcp server ip–pool 1

[RouterA–dhcp–pool–1] network 192.168.10.0 mask 255.255.255.0

[RouterA–dhcp–pool–1] gateway–list 192.168.10.1

[RouterA–dhcp–pool–1] expired day 10 hour 12

　　　　　　　　　　　　　// 设置自动获取 IP 地址的租用期限

[RouterA–dhcp–pool–1] dns–list 192.168.20.121

[RouterA–dhcp–pool–1] quit

⑤配置 DHCP 地址池 2，采用静态绑定方式为 WEB 服务器分配 IP 地址。

[RouterA] dhcp server ip–pool 2

[RouterA–dhcp–pool–2] static–bind ip–address 192.168.20.120 mask 255.255.255.0

[RouterA–dhcp–pool–2] static–bind mac–address MAC1

[RouterA–dhcp–pool–2] dns–list 192.168.20.121

[RouterA–dhcp–pool–2] gateway–list 192.168.20.1

[RouterA] dhcp server detect // 启用 DHCP 安全配置

[RouterA] display dhcp server ip-in-use all // 记录显示内容并加以
分析

[RouterA] display dhcp server tree all // 记录显示内容并加以分析

（3）配置结果测试。

查看 DHCP 相关属性的内容：检查 DHCP 服务器是否配置正确，在所有
主机上使用 ipconfig/all 命令查看主机是否获得 IP 地址，所有主机和路由器相
互 ping，看是否能 ping 通，如果 ping 不通，则检查连接及配置，排除故障。
记录所有测试结果。

四、实验报告要求

（1）按照实验步骤的要求，记录实验过程，分析实验结果。

（2）记录实验中出现的问题和解决的方法。

（3）记录本次实验的配置脚本。

六、思考题

简述 DHCP 协议的工作原理和作用。

实验九　路由协议配置

一、实验目的

（1）了解路由协议的工作原理；

（2）掌握 H3C MSR20-20 路由器的静态路由配置的基本命令及应用；

（3）掌握 H3C MSR20-20 路由器的 RIP 协议的基本命令配置及应用；

（4）掌握 H3C MSR20-20 路由器的 OSPF 基本配置命令及应用。

二、实验设备

（1）运行 Windows 操作系统的 PC 机；

（2）H3C MSR20-20 路由器交换机；

（3）网络设备配置线；

（4）网线。

三、实验内容及步骤

（一）IP 路由

路由器的主要功能是接收到一个 IP 数据包，根据数据包里的目的 IP 地址，在路由表中选择一条适合路由转发出去。如果数据包直接发送到目的主机所在的网络的路由称为"直接路由"，则数据包转发给下一个路由器，由下一个路由器再进行转发的路由称为"间接路由"。数据包的转发路径称为路由。

1. 路由的分类

根据路由目的地的不同，路由可划分为：

（1）网段路由：目的地为网段，子网掩码长度小于 32 位。

（2）特定主机路由：目的地为主机，子网掩码长度为 32 位。

根据目的地与该路由器是否直接相连，路由又可划分为：

（1）直接路由：目的地所在网络与路由器直接相连。

（2）间接路由：目的地所在网络与路由器非直接相连。

2. 路由表

路由器通过路由表选择路由，把优选路由下发到 FIB（Forwarding Information Base）转发信息库表中，通过 FIB 表指导报文转发。每个路由器都至少保存着一张路由表和一张 FIB 表。

（1）路由表的分类。

根据来源不同，通常分为以下三类：

①直连路由：链路层协议发现的路由，也称为接口路由，目的网络直接连接在路由器的接口上。

②静态路由：网络管理员手工配置的路由。静态路由配置方便，对系统要求低，适用于拓扑结构简单并且稳定的小型网络。其缺点是当网络拓扑结构发生变化时，都需要手工重新配置，不能自动适应更改的路由。

③动态路由：动态路由协议发现的路由。

FIB 表根据所选择的路由表表项，会指出转发数据包的物理接口，数据包从物理接口发送，就可到达目的主机所在的网络，或者到达进行下一步转发的路由器。

（2）路由表内容。

在 H3C MSR 20-20 路由器上，我们可以通过命令 display ip routing-table 查看路由表的相关信息。

<H3C> display ip routing-table

Routing Tables : Public

Destinations : 7   Routes : 7

Destination/Mask	Proto	Pre	Cost	NextHop	Interface
1.1.1.0/24	Direct	0	0	192.168.10.1	Eth1/1
2.2.2.0/24	Static	60	0	10.20.1.1	Eth1/2
80.1.1.0/24	OSPF	10	2	60.2.3.2	Eth1/3

......

路由表中的主要项目：

① Destination：目的地址。该地址用来标识 IP 报文的目的地址或目的网络。

② Mask：网络掩码。这里是指目的网络的掩码。

③ Pre：路由优先级。对于同一目的地，可能存在若干条不同的路由，这些不同的路由可能是由不同的路由协议发现的，也可能是手工配置的静态路由。优先级高（数值小）的路由将成为当前的最优路由。

④ Cost：路由的度量值。当到达同一目的地的多条路由具有相同的优先级时，路由的度量值越小的路由将成为当前的最优路由。

⑤ Nexthop：下一跳地址。它指此路由的下一跳路由器的 IP 地址。

⑥ Interface：出接口。该接口指明 IP 报文将从该路由器哪个接口转发。

3. 路由协议分类

对路由协议的分类可采用以下不同标准。

（1）根据作用范围分类。①内部网关协议（Interior Gateway Protocol，IGP）：在一个自治系统内部运行，常见的 IGP 协议包括 RIP、OSPF 和 IS-IS。②外部网关协议（Exterior Gateway Protocol，EGP）：运行于不同自治系统之间，BGP 是目前最常用的 EGP。

（2）根据路由算法分类。①距离矢量（Distance-Vector）协议：包括

RIP 和 BGP。其中，BGP 也被称为路径矢量协议（Path-Vector）。②链路状态（Link-State）协议：包括 OSPF 和 IS-IS。

（3）根据目的地址类型。①单播路由协议：包括 RIP、OSPF、BGP 和 IS-IS 等。②组播路由协议：包括 PIM-SM、PIM-DM 等。

（4）根据 IP 协议版本。① IPv4 路由协议：包括 RIP、OSPF、BGP 和 IS-IS 等。② IPv6 路由协议：包括 RIPng、OSPFv3.IPv6 BGP 和 IPv6 IS-IS 等。

4. 路由优先级

在同一个路由器上到达同一个目的网络可能存在多条路由，这些路由是由不同的路由协议生成的。数据包会选择一条最佳路由转发。为了判断最优路由，各路由协议、直连路由和静态路由都被赋予了一个优先级，数值越小表明优先级越高。数据包会选择优先级最高的路径转发。除直连路由外，网络管理员可以使用默认优先级，也可以为各路由协议手工配置优先级。每条静态路由的优先级都可以不相同。默认路由优先级见表 3-9-1 所列。

表3-9-1　缺省的路由优先级

路由协议	优先级	路由协议	优先级
DIRECT（直连路由）	0	OSPF	10
IS-IS	15	STATIC（静态路由）	60
RIP	100	OSPF ASE	150
OSPF NSSA	150	IBGP	255
EBGP	255	UNKNOWN（来自不可信源端的路由）	256

（二）静态路由配置

静态路由是由管理员手工配置，适用于结构简单的网络或 Internet 的末梢网络。静态路由不能自动适应网络拓扑结构的变化。当网络发生故障或者拓扑发生变化后，必须由网络管理员手工修改配置。

1. 相关配置命令

（1）查看路由表。

display ip routing-table

【描述】display ip routing-table 命令用来查看路由表中当前激活路由的摘要信息。该命令以摘要形式显示最优路由表的信息，每一行代表一条路由，内容包括：目的地址 / 掩码长度、协议、优先级、度量值、下一跳、出接口。使用此命令仅能查看到当前被使用的路由，即最优路由。display ip routing-table verbose 命令用来查看路由表的全部详细信息

【命令格式】display ip routing-table [vpn-instance vpn-instance-name] [verbose] [| { begin | exclude | include } regular-expression]

【视图】任意视图。

【参数】vpn-instance vpn-instance-name：显示指定 VPN 的信息；verbose：显示全部路由表的详细信息，包括处于 inactive 和 active 状态的路由，如果不带此参数，将只显示处于 active 状态的路由；|：使用正则表达式对显示信息进行过滤；begin：从包含指定正则表达式的行开始显示；exclude：只显示不包含指定正则表达式的行；include：只显示包含指定正则表达式的行；regular-expression：表示正则表达式，为 1 ～ 256 个字符的字符串，区分大小写。

【命令使用】查看路由表中当前激活路由的摘要信息。

<H3C> display ip routing-table

（2）静态路由配置。

ip route-static

【描述】ip route-static 命令用来配置单播静态路由。undo ip route-static 命令用来删除单播静态路由配置。

【命令格式】ip route-static dest-address { mask | mask-length } { next-hop-address | interface-type interface-number [next-hop-address] [preference preference-value] [tag tag-value] [permanent] [description description-text]

undo ip route-static dest-address { mask | mask-length } [next-hop-address | interface-type interface-number [next-hop-address] | [preference preference-value]

【视图】系统视图。

【参数】dest-address：静态路由的目的 IP 地址，格式为点分十进制；mask：IP 地址的掩码，格式为点分十进制；mask-length：掩码长度，取值范围为 0 ～ 32；next-hop-address：指定路由的下一跳的 IP 地址，格式为点

分十进制；interface-type interface-number：指定静态路由的出接口类型和编号；preference preference-value：指定静态路由的优先级，preference-value 取值范围为 1 ～ 255，缺省值为 60，如果在配置静态路由时没有指定优先级，就会使用缺省优先级，重新设置缺省优先级后，新设置的缺省优先级仅对新增的静态路由有效；tag tag-value：静态路由 Tag 值，用于标识该条静态路由，以便在路由策略中根据 Tag 对路由进行灵活的控制，tag-value 的取值范围为 1 ～ 4 294 967 295，缺省值为 0；permanent：指定为永久静态路由，即使在出接口 down 时，配置的永久静态路由也保持 active 状态；description description-text：静态路由描述信息，description-text 为 1 ～ 60 个字符的字符串，除 "?" 外，可以包含空格等特殊字符。

注意：

①配置默认路由。IP 地址和掩码都为 0.0.0.0（或掩码为 0）的路由为缺省路由。一般来说，末梢网络都要配置默认路由。如果没有匹配的路由表项，则使用缺省路由进行报文转发。

②可以灵活使用路由优先级。如果在同一目的网络配置多条路由，则可以通过相同的优先级实现路由负载分担；如果使用不同优先级，则实现路由备份。

③配置静态路由时，可根据实际需要指定出接口或下一跳地址，下一跳地址不能为本地接口 IP 地址。需要注意的是：

对于点到点接口（如封装 PPP 协议的串口），配置时可以只指定出接口，不指定下一跳地址。这样，即使对端地址发生了变化也无须改变配置。

对于广播类型接口（如以太网接口、VLAN 接口），因为可能有多个下一跳，配置时必须同时指定出接口和下一跳 IP 地址。

【命令使用】配置静态路由，其目的地址为 192.168.3.1/24，指定下一跳为 192.168.4.1，Tag 值为 45，描述信息为 "for test"。

<H3C> system-view

[H3C] ip route-static 192.168.3.0 24 192.168.4.1 tag 45 description for test 。

（3）删除所有静态路由。

delete static-routes all

【描述】delete static-routes all 命令用来删除所有静态路由。使用本命令删除静态路由时，系统会提示确认，确认后才会删除所配置的所有静态路由。使用 undo ip route-static 命令可以删除一条静态路由，而使用 delete static-routes all 命令可以删除包括缺省路由在内的所有静态路由。

【命令格式】delete static-routes all

【视图】系统视图。

【参数】无。

【命令使用】删除所有静态路由。

<H3C> system-view

[H3C] delete static-routes all

This will erase all ipv4 static routes and their configurations, you must reconfigure all static routes

Are you sure?[Y/N]：y

2.静态路由实验

（1）实验组网如图 3-9-1 所示。

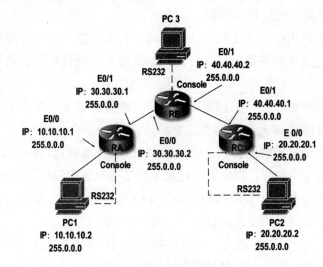

图 3-9-1　路由实验组网图

如实验组网图 3-9-1 所示，使用相应的线缆连接网络设备。要求在路由器上配置静态路由，要求 PC1 和 PC2 能 ping 通。

（2）实验步骤。

①配置 PC1 和 PC2 的 IP 地址、子网掩码和网关。

记录两台 PC 机的 IP 属性配置。

②配置各个路由器的接口地址。（略）

记录三台路由器接口地址配置命令。

③在三台路由器上配置静态路由。

RA 路由器上的静态路由配置。

<H3C> system-view

[H3C] sysname RA

[RA] ip route-static 20.0.0.0 255.0.0.0 30.30.30.2

RB 路由器上的静态路由配置。

<H3C> system-view

[H3C] sysname RB

[RB] ip route-static 10.0.0.0 255.0.0.0 30.30.30.1

[RB] ip route-static 20.0.0.0 255.0.0.0 40.40.40.1

RC 路由器上的静态路由配置。

<H3C> system-view

[H3C] sysname RC

[RC] ip route-static 10.0.0.0 255.0.0.0 40.40.40.1

④测试配置结果。

使用 display ip routing-table 命令查看路由器 RA、RB、RC 上的路由表，记录显示结果并加以分析。

所有路由器和主机相互 ping，检查是否能 ping 通，如果能，请检查连接和配置，排除故障，并记录最终结果。

（三）动态路由配置

1.RIP 协议

RIP 协议是一种比较简单的动态路由协议，它属于 IGP（内部网关协议），运行于 AS（自治域内部）。RIP 协议适用于小型、结构简单的网络，如校园网和小型的企业网。RIP 协议使用的是 DV（距离向量）算法来计算最佳路由，通过 UDP 报文传输协议数据，端口号为 520。RIP 协议认为到达目的网络跳数越少的路由越好，且跳数小于 16 跳，否则为无效路由。

（1）RIP 路由数据库。

在运行 RIP 协议的路由器中有一个管理 RIP 路由的数据库，此数据库中存放着所有可达网络的路由项目。每一条路由项目包含了以下信息。

①目的地址：主机或网络的地址。

②下一跳地址：为到达目的地，需要经过相邻路由器的接口 IP 地址。

③出接口：本路由器转发报文的出接口。

④度量值：本路由器到达目的地的开销。

⑤路由时间：从路由项最后一次被更新到现在所经过的时间，路由项每次被更新时，路由时间重置为 0。

⑥路由标记（Route Tag）：用于标识外部路由，在路由策略中可根据路由标记对路由信息进行灵活的控制。

（2）RIP 计时器。

RIP 协议有四个定时器，它们分别是 Update、Timeout、Suppress 和 Garbage-Collect。

① Update 定时器，定义了发送路由表的时间间隔。RIP 协议采用固定时间发送路由信息。如果路由表有变动，则也会触发更新。

② Timeout 定时器，定义了路由老化时间。如果在老化时间内没有收到关于某条路由的更新报文，则该条路由在路由表中的度量值将会被设置为 16，定义为不可达路由器。

③ Suppress 定时器，定义了 RIP 路由处于抑制状态的时长。当一条路由的度量值变为 16 时，该路由将进入抑制状态。在被抑制状态，只有来自同一邻居且度量值小于 16 的路由更新才会被路由器接收，取代不可达路由。

④ Garbage-Collect 定时器，定义了一条路由从度量值变为 16 开始，直到它从路由表里被删除所经过的时间。在 Garbage-Collect 时间内，RIP 以 16 作为度量值向外发送这条路由的更新，如果 Garbage-Collect 超时，该路由仍没有得到更新，则该路由将从路由表中被彻底删除。

（3）RIP 协议的工作过程。

①路由器启动 RIP 后，便会向相邻的路由器发送请求报文（Request Message），相邻的 RIP 路由器收到请求报文后，响应该请求，回送包含本地路由表信息的响应报文（Response Message）。

②路由器收到响应报文后，更新本地路由表，同时向相邻路由器发送触发更新报文，通告路由更新信息；相邻路由器收到触发更新报文后，又向其各自的相邻路由器发送触发更新报文。在一连串的触发更新后，各路由器都能得到并保持最新的路由信息。

③路由器固定时间向相邻路由器发送本地路由表，运行 RIP 协议的相邻路由器在收到报文后，对本地路由进行维护，选择一条最佳路由，再向其各自相邻网络发送更新信息，长此以往，全网的路由器都能得到更新。同时，RIP 采用老化机制对超时的路由进行老化处理，以保证路由的实时性和有效性。

（4）RIP 的版本。

RIP 有两个版本：RIP–1 和 RIP–2。

RIP–1 是有类别路由协议（Classful Routing Protocol），它只支持以广播方式发布的协议报文。RIP–1 的协议报文无法携带掩码信息，它只能识别 A、B、C 类这样的自然网段的路由，因此 RIP–1 不支持不连续子网（Discontinuous Subnet），现在已经很少使用了。

RIP–2 是一种无类别路由协议（Classless Routing Protocol）。它支持路由标记（Tag），报文中携带掩码信息，支持路由聚合和 CIDR（无类域间路由），支持指定下一跳，支持使用组播路由发送更新报文，支持对协议报文进行验证，增强安全性。

（5）RIP 协议相关配置命令。

①配置 RIP 进程——rip。

【描述】rip 命令用来创建 RIP 进程并进入 RIP 视图；undo rip 命令用来关闭 RIP 进程。缺省情况下，RIP 进程处于关闭状态。

【命令格式】rip [process–id]

　　　　　　　undo rip [process–id]

【视图】系统视图。

【参数】process–id：RIP 进程号，取值范围为 1 ～ 65 535，缺省值为 1。

注意：

必须先创建 RIP 进程，才能配置 RIP 的各种全局性参数，而配置与接口相关的参数时，可以不受这个限制。

停止运行 RIP 进程后，原来配置的接口参数也同时失效。

【命令使用】创建 RIP 进程并进入其视图。

<H3C> system–view

[H3C] rip 1

[H3C –rip–1]

②配置 RIP 协议路由网段——network。

【描述】network 命令用来在指定段接口上启用 RIP 协议；undo network 命令用来对指定网段接口禁用 RIP。缺省情况下，接口上的 RIP 功能处于关闭状态。

【命令格式】network network-address

　　　　　　undo network network-address

【视图】RIP 视图。

【参数】network-address：指定网段的地址，其取值可以为各个接口的 IP 网络地址。

【命令使用】在网络地址为 192.168.5.0 的接口上使能 RIP 100。

<H3C> system-view

[H3C] rip 100

[H3C-rip-100] network 192.168.5.0

③配置接口接收 RIP 报文——rip input。

【描述】rip input 命令用来允许接口接收 RIP 报文。undo rip input 命令用来禁止接口接收 RIP 报文。

【命令格式】rip input

　　　　　　undo rip input

【视图】接口视图。

【参数】无。

【命令使用】配置接口 Ethernet0/0 接收 RIP 报文。

<H3C> system-view

[H3C] interface ethernet 0/0

[H3C –Ethernet0/0] rip input

④配置接口发送 RIP 报文——rip output。

【描述】rip output 命令用来允许接口发送 RIP 报文。undo rip output 命令用来禁止接口发送 RIP 报文。缺省情况下，允许接口发送 RIP 报文。

【命令格式】rip output

　　　　　　undo rip output

【视图】接口视图。

【参数】无。

【命令使用】允许接口 Ethernet0/0 发送 RIP 报文。

<H3C> system-view

[H3C] interface ethernet0/0

[H3C -Ethernet0/0] rip output

⑤配置 RIP 版本——rip version。

【描述】rip version 命令用来配置接口运行的 RIP 版本。undo rip version 命令用来取消配置接口运行的 RIP 版本。

【命令格式】rip version { 1 | 2 [broadcast | multicast] }

undo rip version

【视图】接口视图。

【参数】1：接口运行 RIP 协议的版本为 RIP-1；2：接口运行 RIP 协议的版本为 RIP-2；broadcast：RIP-2 报文的发送方式为广播方式；multicast：RIP-2 报文的发送方式为组播方式。

【命令使用】配置接口 Ethernet0/0 以广播方式发送 RIP-2 报文。

<H3C> system-view

[H3C] interface ethernet0/0

[H3C -Ethernet0/0] rip version 2 broadcast

⑥自动路由聚合——summary。

【描述】summary 命令用来使能 RIP-2 自动路由聚合功能，聚合后的路由以使用自然掩码的路由形式发布，减小了路由表的规模。undo summary 命令用来关闭自动路由聚合功能，以便将所有子网路由广播出去。

【命令格式】summary

undo summary

【视图】RIP 视图。

【参数】无。

【举例】关闭 RIP-2 自动路由聚合功能。

<H3C> system-view

[H3C] rip 1

[H3C -rip-1] undo summary

⑦配置路由优先级——preference。

【描述】preference 命令用来配置 RIP 路由的优先级。undo preference 命

令用来恢复缺省情况。缺省情况下，RIP 路由的优先级为 100。通过指定 route-policy 参数，可应用路由策略对特定的路由设置优先级。

【命令格式】preference [route-policy route-policy-name] value

　　　　　　　undo preference [route-policy]

【视图】RIP 视图。

【参数】route-policy-name：路由策略名称，为 1 ～ 63 个字符的字符串，区分大小写，对满足特定条件的路由设置优先级；value：RIP 路由优先级的值，取值范围为 1 ～ 255，取值越小，优先级越高。

【命令使用】配置的 RIP 路由的优先级为 120。

\<H3C\> system-view

[H3C] rip 1

[H3C-rip-1] preference 120

⑧特定主机路由——host-route。

【描述】host-route 命令用来允许 RIP 接收主机路由。undo host-route 命令用来禁止 RIP 接收主机路由。

【命令格式】host-route

　　　　　　　undo host-route

【视图】RIP 视图。

⑨显示 RIP 协议状态及配置信息 ——display rip。

【描述】display rip 命令用来显示指定 RIP 进程的当前运行状态及配置信息。

【命令】display rip [process-id] [| { begin | exclude | include } regular-expression]

【视图】任意视图。

【参数】process-id：RIP 进程号，取值范围为 1 ～ 65 535，如果未指定本参数，则显示所有已配置的 RIP 进程的信息；|：使用正则表达式对显示信息进行过滤；begin：从包含指定正则表达式的行开始显示；exclude：只显示不包含指定正则表达式的行；include：只显示包含指定正则表达式的行；regular-expression：表示正则表达式，为 1 ～ 256 个字符的字符串，区分大小写。

【命令使用】显示所有已配置的 RIP 进程的当前运行状态及配置信息。

<H3C> display rip

⑩显示指定 RIP 进程的路由信息——display rip route。

【描述】display rip route 命令用来显示指定 RIP 进程的路由信息，以及与每条路由相关的定时器的值。

【命令格式】display rip process-id route [ip-address { mask | mask-length } | peer ip-address | statistics] [| { begin | exclude | include } regular-expression]

【视图】任意视图。

【参数】process-id：RIP 进程号，取值范围为 1 ～ 65 535；ip-address { mask | mask-length }：显示目的地址及掩码分别是 ip-address { mask | mask-length } 的路由信息；peer ip-address：显示从指定邻居学到的所有路由信息；statistics：显示路由的统计信息；|：使用正则表达式对显示信息进行过滤；begin：从包含指定正则表达式的行开始显示；exclude：只显示不包含指定正则表达式的行；include：只显示包含指定正则表达式的行；regular-expression：表示正则表达式，为 1 ～ 256 个字符的字符串，区分大小写。

【命令使用】显示进程号为 1 的 RIP 进程所有的路由信息。

<H3C> display rip 1 route

（6）组网配置。

组网图如实验组网图 3-9-1 所示，配置要求：在路由器上配置 RIP 路由协议，要求 PC1 和 PC2 能 ping 通。

①在 RA 上配置进程为 100 的 RIP，并配置版本号为 2 的 RIP。

<RA> system-view

[RA] rip 100

[RA-rip-100] network 10.0.0.0

[RA-rip-100] network 30.0.0.0

[RA-rip-100] version 2

[RA-rip-100] undo summary

[RA-rip-100] quit

②在 RB 上配置进程为 100 的 RIP，并配置版本号为 2 的 RIP。

<RB> system-view

[RB] rip 100

[RB-rip-100] network 30.0.0.0

[RB-rip-100] network 40.0.0.0

[RB-rip-100] version 2

[RB-rip-100] undo summary

[RB-rip-100] quit

③在 RC 上配置进程为 100 的 RIP，并配置版本号为 2 的 RIP。

<RC> system-view

[RC] rip 100

[RC-rip-100] network 40.0.0.0

[RC-rip-100] network 20.0.0.0

[RC-rip-100] version 2

[RC-rip-100] undo summary

[RC-rip-100] quit

配置结果检查，使用 display ip routing-table、display rip、display rip route 命令查看三台路由器上的路由表信息，并记录。使用 ping 命令查看网络各个设备和主机间的连通性，如果 ping 不通，请检查网络线路连接及路由器和主机的配置，直到 ping 通为止，记录测试结果。

2.OSPF 协议

OSPF（Open Shortest Path First，开放最短路径优先）是 IETF（互联网工程任务组）组织开发的一个基于 LS（链路状态）的内部网关协议。目前 IPV4 使用的是 OSPF v2 版的协议。OSPF 具有适应范围广、快速收敛、无自环、区域划分、等价路由、路由分级、支持验证、组播发送等特点。

（1）OSPF 传播的报文类型有以下 5 种。

① Hello 报文：路由器按一定的周期发送，用于维持邻居关系。

② DD（Database Description，数据库描述）报文：用于发送本路由器上的链路状态数据库摘要信息，用于数据库同步。

③ LSR（Link State Request，链路状态请求）报文：用于请求 LSA（链路状态报告）分组。路由器在交换路由信息后发现本路由器的 LSDB 缺少路由信息后，会向相关路由器发送 LSR 请求 LSA。

④ LSU（Link State Update，链路状态更新）报文：当链路发生变化时发送。

⑤ LSAck（Link State Acknowledgment，链路状态确认）报文：用来对收到的 LSA 进行确认。

（2）OSPF 的区域。在大型网络中，大量的路由器和网络连接会产生规模庞大的 LSDB，增加各个路由器 CPU 的负担。当网络拓扑发生变化时，OSPF 协议会产生大量的路由更新报文，降低了网络的利用率。并且每次拓扑变化后，路由器都要重新计算路由。网络规模越大，拓扑发生变化的概率越大，网络负担越重。因此，OSPF 将自治域划分成不同的区域，路由更新只在本区域范围内进行，区域之间的路由传递由主干路由器完成。每个区域用区域号来标识。主干区域（Backbone Area）的区域号为 0.0.0.0。因此，所有非主干区域必须与主干区域保持连通，主干区域自身也必须保持连通。

（3）OSPF 的路由类型。OSPF 将路由分为四类，按照优先级从高到低的顺序依次如下：

①区域内路由（Intra Area）：在同一 AS 内的同一区域内的路由；

②区域间路由（Inter Area）：在同一 AS 内的区域间的路由；

③第一类外部路由（Type1 External）：AS 外部可信度较高的路由；

④第二类外部路由（Type2 External）：AS 外部可信度较低的路由。

（4）OSPF 路由的计算过程。每台 OSPF 路由器根据自身的拓扑情况生成 LSA，发送给同一区域内的其他路由器，每台 OSPF 路由器会根据接收到的所有 LAS 报文，组成 LSDB 数据库。路由器将 LSDB 转换成一张有向图，所有路由器的有向图是完全相同的。路由器根据有向图，使用 SPF 算法计算出一棵以自己为根的最短路径树，这棵树给出了到自治系统中各节点的路由。

（5）OSPF 协议的常用配置命令。

①启用路由器 OSPF 功能——ospf

【描述】ospf 命令用来启动 OSPF 进程。undo ospf 命令用来关闭 OSPF 进程。

【命令格式】ospf [process-id | router-id router-id]

undo ospf [process-id]

【视图】系统视图。

【参数】process-id：OSPF 进程号，取值范围为 1 ～ 65 535，缺省值为 1；router-id：OSPF 进程使用的 Router ID，格式为点分十进制形式。

注意：必须先运行 OSPF 协议才能配置相关参数。

【命令使用】启动进程号为 100 的 OSPF 并配置 ID 为 10.0.0.1 的 Router。

<H3C> system-view

[H3C] ospf 100 router-id 10.0.0.1

[H3C-ospf-100]

②配置区域——area。

【描述】area 命令用来创建 OSPF 区域，并进入 OSPF 区域视图。undo area 命令用来删除指定区域。

【命令格式】area area-id

　　　　　　undo area area-id

【视图】OSPF 视图。

【参数】area-id：区域的标识，可以是十进制整数（取值范围为 0 ~ 4 294 967 295，系统会将其处理成 IP 地址格式）或者点分十进制格式。

【命令使用】创建 OSPF 区域 0 并进入 OSPF 区域视图。

<H3C> system-view

[H3C] ospf 100

[H3C-ospf-100] area 0

[H3C-ospf-100-area-0.0.0.0]

③配置网段——network。

【描述】network 命令用来配置 OSPF 区域所包含的网段并在指定网段的接口上使能 OSPF。undo network 命令用来删除区域所包含的网段并关闭指定网段接口上的 OSPF 功能。

【命令格式】network ip-address wildcard-mask

　　　　　　undo network ip-address wildcard-mask

【视图】OSPF 区域视图。

【参数】ip-address：接口所在的网段地址；wildcard-mask：IP 地址掩码的反码，相当于将 IP 地址的掩码取反（0 变 1，1 变 0）。

【命令使用】指定运行 OSPF 协议的接口的主 IP 地址位于网段 192.168.10.0/24 上，接口所在的 OSPF 区域 ID 为 2。

<H3C> system-view

[H3C] ospf 100

[H3C-ospf-100] area 2

[H3C-ospf-100-area-0.0.0.2] network 192.168.20.0 0.0.0.255

④查看 OSPF 路由表——display ospf routing。

【描述】display ospf routing 命令用来显示 OSPF 路由表的信息。如果不指定 OSPF 进程号，将显示所有 OSPF 进程的路由表信息。

【格式】display ospf [process–id] routing [interface interface–type interface–number] [nexthop nexthop–address] [| { begin | exclude | include } regular–expression]

【视图】任意视图。

【参数】process–id：OSPF 进程号，取值范围为 1 ~ 65 535；interface interface–type interface–number：显示指定出接口的路由信息，interface–type interface–number 为接口类型和编号；nexthop nexthop–address：显示指定下一跳 IP 地址的路由信息；|：使用正则表达式对显示信息进行过滤；begin：从包含指定正则表达式的行开始显示；exclude：只显示不包含指定正则表达式的行；include：只显示包含指定正则表达式的行；regular–expression：表示正则表达式，为 1 ~ 256 个字符的字符串，区分大小写。

【命令使用】显示 OSPF 路由表的信息。

<H3C> display ospf routing

⑤显示 OSPF 邻居信息——display ospf peer。

【描述】display ospf peer 命令用来显示 OSPF 中各区域邻居的信息。

【命令格式】display ospf [process–id] peer [verbose] [interface–type interface–number] [neighbor–id] [| { begin | exclude | include } regular–expression]

【视图】任意视图。

【参数】process–id：OSPF 进程号，取值范围为 1 ~ 65 535；verbose：显示 OSPF 各区域邻居的详细信息；interface–type interface–number：接口类型和编号；neighbor–id：邻居路由器的 Router ID；|：使用正则表达式对显示信息进行过滤；begin：从包含指定正则表达式的行开始显示；exclude：只显示不包含指定正则表达式的行；include：只显示包含指定正则表达式的行；regular–expression：表示正则表达式，为 1 ~ 256 个字符的字符串，区分大小写。

注意：如果指定 OSPF 进程号，则将显示指定 OSPF 进程的各区域邻居的信息，否则将显示所有 OSPF 进程的各区域邻居的信息。如果指定 verbose，则显示指定或所有 OSPF 进程各区域邻居的详细信息。

【命令使用】显示 OSPF 邻居详细信息。

<H3C> display ospf peer verbose

⑥查看路由器上的链路状态数据库——display ospf lsdb。

【描述】display ospf lsdb 命令用来显示 OSPF 的链路状态数据库信息。如果不指定 OSPF 进程号，则将显示所有 OSPF 进程的链路状态数据库信息。

【命令格式】display ospf [process-id] lsdb [brief | [{ asbr | ase | network | nssa | opaque-area | opaque-as | opaque-link | router | summary } [link-state-id]] [originate-router advertising-router-id | self-originate]] [| { begin | exclude | include } regular-expression]

【视图】任意视图。

【参数】process-id：OSPF 进程号，取值范围为 1 ～ 65 535；brief：显示数据库的概要信息；asbr：显示数据库中 Type-4 LSA（ASBR Summary LSA）的信息；ase：显示数据库中 Type-5 LSA（AS External LSA）的信息；network：显示数据库中 Type-2 LSA（Network LSA）的信息；nssa：显示数据库中 Type-7 LSA（NSSA External LSA）的信息；opaque-area：显示数据库中 Type-10 LSA（Opaque-area LSA）的信息；opaque-as：显示数据库中 Type-11 LSA（Opaque-AS LSA）的信息；opaque-link：显示数据库中 Type-9 LSA（Opaque-link LSA）的信息；router：显示数据库中 Type-1 LSA（Router LSA）的信息；summary：显示数据库中 Type-3 LSA（Network Summary LSA）的信息；link-state-id：链路状态的 ID 和 IP 地址格式；originate-router advertising-router-id：发布 LSA 报文的路由器的 Router ID；self-originate：显示本地路由器自己产生的 LSA 的数据库信息；|：使用正则表达式对显示信息进行过滤；begin：从包含指定正则表达式的行开始显示；exclude：只显示不包含指定正则表达式的行；include：只显示包含指定正则表达式的行；regular-expression：表示正则表达式，为 1 ～ 256 个字符的字符串，区分大小写。

【命令使用】显示 OSPF 的链路状态数据库信息。

<H3C> display ospf lsdb

（6）配置例子。

组网图如图 3-9-2 所示，配置要求：在路由器上配置 OSPF 路由协议，要求 PC1 和 PC2 能 ping 通。

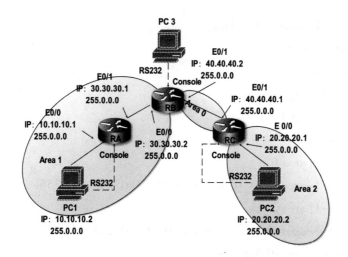

图 3-9-2　OSPF 路由实验组网图

①删除前面实验内容数据。

②配置各接口的 IP 地址（略）。

③配置 RA。

<RA> system-view

[RA] router id 1.1.1.1

[RA] ospf

[RA-ospf-1] area 1

[RA-ospf-1-area-0.0.0.1] network 10.0.0.0 0. 255. 255.255

[RA-ospf-1-area-0.0.0.1] network 30.0.0.0 0. 255. 255.255

[RA-ospf-1-area-0.0.0.2] quit

④配置 RB。

<RB> system-view

[RA] router id 2.2.2.2

[RB] ospf

[RB-ospf-1] area 0

[RB-ospf-1-area-0.0.0.0] network 40.0.0.0 0. 255. 255.255

[RB-ospf-1-area-0.0.0.0] quit

[RB-ospf-1] area 1

[RB-ospf-1-area-0.0.0.1] network 30.0.0.0 0. 255. 255.255

[RB-ospf-1-area-0.0.0.1] quit

[RB-ospf-1] quit

⑤配置 RC。

<RC> system-view

[RA] router id 3.3.3.3

[RC] ospf

[RC-ospf-1] area 0

[RC-ospf-1-area-0.0.0.0] network 40.0.0.0 0. 255. 255.255

[RC-ospf-1] area 2

[RC-ospf-1-area-0.0.0.2] network 20.0.0.0 0. 255. 255.255

[RC-ospf-1-area-0.0.0.2] quit

⑥检查配置

查看路由器各个接口地址之间相互能否 ping 通，PC 机间是否能够 ping 通，记录结果。

在三台路由器上分别使用：display ospf peer verbose 命令查看邻居详细信息、display ospf routing 命令查看路由信息、display ospf lsdb 命令查看链路状态数据库，记录并分析显示结果。

记录三台路由器上的配置脚本。

四、实验报告要求

（1）按照实验步骤的要求，记录实验过程，分析实验结果。

（2）记录实验中出现的问题和解决的方法。

（3）记录本次实验的配置脚本。

五、思考题

（1）简述路由器的作用及分类方法。

（2）简述静态路由的工作原理、配置方法及特点。

（3）简述 RIP 协议的工作原理、特点和配置方法。

（4）简述 OSPF 协议的工作原理、特点和配置方法。

实验十　ACL 与 NAT 配置

一、实验目的

（1）了解 NAT 的工作原理和工作过程；

（2）了解 ACL 的工作原理和工作过程；

（3）掌握 H3C MSR20-20 路由器的 NAT 配置的基本命令；

（4）掌握使用 H3C MSR20-20 路由器作为 NAT 服务器的配置方法；

（5）掌握 H3C MSR20-20 路由器的 ACL 配置的基本命令；

（6）掌握 H3C MSR20-20 路由器的 ACL 应用配置。

二、实验设备

（1）运行 Windows 操作系统的 PC 机；

（2）H3C MSR20-20 路由器；

（3）网络设备配置线；

（4）网线。

三、实验内容及步骤

（一）ACL（Access Control List）*访问控制列表*

访问控制列表 ACL 是用于识别报文流的一组规则的集合。ACL 可以使用源地址、目的地址和端口号等作为匹配条件，进行报文流的识别，网络设备根据规则识别特定的报文，并预先设定策略进行数据处理。

在建立 ACL 时，使用编号或名称对不同类型的 ACL 进行区分。ACL 建立后，可以指定 ACL 编号，对数据进行操作。不同类型的 ACL 对应不同的编号范围，见表 3-10-1 所列。

表3-10-1　ACL的分类

ACL 类型	编号范围	适用的 IP 版本	规　则
WLAN ACL	100～199	IPv4 和 IPv6	无线客户端的 SSID
基本 ACL	2000～2999	IPv4	报文的源 IP 地址
		IPv6	报文的源 IPv6 地址
高级 ACL	3000～3999	IPv4	报文的源 IP 地址、目的 IP 地址、报文优先级、IP 承载的协议类及特性等三、四层信息
		IPv6	报文的源 IPv6 地址、目的 IPv6 地址、报文优先级、IPv6 承载的协议类型及特性等三、四层信息
二层 ACL	4000～4999	IPv4 和 IPv6	报文的源 MAC 地址、目的 MAC 地址、802.1p 优先级、链路层协议类型等二层信息
用户自定义 ACL	5000～5999	IPv4 和 IPv6	以报文头为基准，指定从报文的第几个字节开始与掩码进行"与"操作，并将从提取出的字符串与用户定义的字符串进行比较，从而找出相匹配的报文
简单 ACL	10 000～42 767	IPv6	报文的源 IPv6 地址、目的 IPv6 地址、IPv6 地址组合标记、报文优先级、IPv6 承载的协议类型及特性等三、四层信息

1. 配置基本 ACL

（1）创建 ACL——acl

【描述】acl 命令用来创建一个 ACL，并进入相应的 ACL 视图。undo acl 命令用来删除指定或全部 ACL。缺省情况下，不存在任何 ACL。

【命令格式】acl number acl-number [name acl-name] [match-order { auto | config }]

　　　　　　undo acl { all | name acl-name | number acl-number }

【视图】系统视图。

【参数】number acl-number：指定 ACL 的编号；name acl-name：指定 ACL 的名称，为避免混淆，ACL 的名称不允许使用英文单词 all；match-order { auto | config }：指定规则的匹配顺序，auto 表示按照自动排序；all：指定全部 ACL。

【命令使用】

①创建一个编号为 2000 的 IPv4 基本 ACL，并进入其视图。

<H3C> system-view

[H3C] acl number 2000

[H3C-acl-basic-2000]

②创建一个编号为 2001 的 IPv4 基本 ACL，指定其名称为 test，并进入其视图。

<H3C> system-view

[H3C] acl number 2001 name test

[H3C-acl-basic-2001-test]

（2）描述 ACL——description。

【描述】description 命令用来配置 ACL 的描述信息。undo description 命令用来删除 ACL 的描述信息。

【命令格式】description text

　　　　　　　undo description

【视图】ACL 视图。

【参数】text：表示 ACL 的描述信息，为 1 ～ 127 个字符的字符串，区分大小写。

【命令使用】为 IPv4 基本 ACL 2000 配置描述信息。

<H3C> system-view

[H3C] acl number 2000

[H3C-acl-basic-2000] description This is an IPv4 basic ACL.

（3）制定规则——rule。

【命令格式】rule [rule-id] { deny | permit } [counting | fragment | logging | source { source-address source-wildcard | any } | time-range time-range-name] *

　　undo rule rule-id [counting | fragment | logging | source | time-range] *

【视图】IPv4 基本 ACL 视图。

【参数】rule-id：指定 IPv4 基本 ACL 规则的编号，取值范围为 0～65 534；deny：表示拒绝符合条件的报文；permit：表示允许符合条件的报文；counting：表示使能本规则的匹配统计功能，缺省为关闭；fragment：表示仅对非首片分片报文有效，而对非分片报文和首片分片报文无效，若未指定本参数，表示该规则对非分片报文和分片报文均有效；logging：表示对符合条件的报文可记录日志信息；source｛sour-addr sour-wildcard｜any｝：指定规则的源地址信息，sour-addr 表示报文的源 IP 地址，sour-wildcard 表示源 IP 地址的通配符掩码（为 0 表示主机地址），any 表示任意源 IP 地址；time-range time-range-name：指定规则生效的时间段，time-range-name 表示时间段的名称，为 1～32 个字符的字符串，不区分大小写，必须以英文字母 a～z 或 A～Z 开头。

【描述】rule 命令用来为 IPv4 基本 ACL 创建一条规则。undo rule 命令用来为 IPv4 基本 ACL 删除一条规则或删除规则中的部分内容。

【命令使用】为 IPv4 基本 ACL 2000 创建规则如下：仅允许来自 10.0.0.0/8.172.17.0.0/16 和 192.168.1.0/24 网段的报文通过，而拒绝来自所有其他网段的报文通过。

<H3C> system-view

[H3C] acl number 2000

[H3C-acl-basic-2000] rule permit source 10.0.0.0 0.255.255.255

[H3C-acl-basic-2000] rule permit source 172.17.0.0 0.0.255.255

[H3C-acl-basic-2000] rule permit source 192.168.1.0 0.0.0.255

[H3C-acl-basic-2000] rule deny source any

（4）配置 ACL 时间范围——time-range。

【描述】time-range 命令用来创建一个时间段，来描述一个特定的时间范围。undo time-range 命令用来删除一个时间段。

【命令格式】time-range time-range-name｛start-time to end-time days [from time1 date1] [to time2 date2] ｜ from time1 date1 [to time2 date2] ｜ to time2 date2｝

undo time-range time-range-name [start-time to end-time days [from time1 date1] [to time2 date2] ｜ from time1 date1 [to time2 date2] ｜ to time2 date2]

【视图】系统视图。

【参数】time-range-name：指定时间段的名称，为 1～32 个字符的字符串，不区分大小写，为避免混淆，时间段的名称不允许使用英文单词 all；start-time to end-time：指定周期时间段的时间范围；days：指定周期时间段在每周的周几生效；from time1 date1：指定绝对时间段的起始时间；to time2 date2：指定绝对时间段的结束时间。

【命令使用】

①创建名为 t1 的时间段，其时间范围为每周工作日的 8:00～18:00。

<H3C> system-view

[H3C] time-range t1 8:00 to 18:00 working-day

②创建名为 t2 的时间段，其时间范围为 2010 年全年。

<H3C> system-view

[H3C] time-range t2 from 0:00 1/1/2010 to 24:00 12/31/2010

③创建名为 t3 的时间段，其时间范围为 2010 年全年内每周休息日的 8:00～12:00。

<H3C> system-view

[H3C] time-range t3 8:00 to 12:00 off-day from 0:00 1/1/2010 to 24:00 12/31/2010

④创建名为 t4 的时间段，其时间范围为 2010 年 1 月和 6 月内每周一的 10:00～12:00 以及每周三的 14:00～16:00。

<H3C> system-view

[H3C] time-range t4 10:00 to 12:00 1 from 0:00 1/1/2010 to 24:00 1/31/2010

[H3C] time-range t4 14:00 to 16:00 3 from 0:00 6/1/2010 to 24:00 6/30/2010

（5）查看 ACL——display acl。

【命令格式】display acl { acl-number | all | name acl-name } [| { begin | exclude | include } regular-expression]

【视图】任意视图。

【参数】acl-number：显示指定编号的 ACL 的配置和运行情况；all：显示全部 ACL；name acl-name：显示指定名称的 ACL 的配置和运行情况，acl-name 表示 ACL 的名称，为 1～63 个字符的字符串，不区分大小写，必须以英文字母 a～z 或 A～Z 开头；|：使用正则表达式对显示信息进行过滤；begin：从包含指定正则表达式的行开始显示；exclude：只显示不包含

指定正则表达式的行；include：只显示包含指定正则表达式的行；regular-expression：表示正则表达式，为 1 ~ 256 个字符的字符串，区分大小写。

【命令使用】显示全部 ACL 的配置和运行情况。

<H3C> display acl all

2.ACL 配置实验

组网及 IP 地址配置如图 3-10-1 所示，组网为校园网，要求教师办公室在任何时间都可以访问 OA 服务器，教学楼只能在工作日，工作时间即 8:00 ~ 18:00 可以访问 OA 服务器，学生公寓不允许访问 OA 服务器。

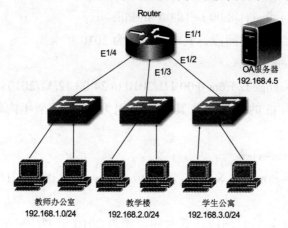

图 3-10-1　实验组网图

配置步骤：

（1）创建名为 work 的时间段，其时间范围为每周工作日的 8:00 ~ 18:00。

<H3C> system-view

[H3C] time-range work 8:00 to 18:00 working-day

（2）创建 IPv4 高级 ACL 3000，要求教师办公室在任何时间都可以访问 OA 服务器，教学楼只能在工作日，工作时间即 8:00 ~ 18:00 可以访问 OA 服务器，学生公寓不允许访问 OA 服务器。

[H3C] acl number 3000

[H3C-acl-adv-3000] rule permit ip source 192.168.1.0 0.0.0.255 destination 192.168.4.5 0

[H3C-acl-adv-3000] rule permit ip source 192.168.2.0 0.0.0.255 destination

192.168.4.5 0 time-range work

[H3C-acl-adv-3000] rule deny ip source any destination 192.168.0.100 0

[H3C-acl-adv-3000] quit

（3）使能 IPv4 防火墙功能，并使用 IPv4 高级 ACL 3000 对接口 Ethernet1/1 输出方向上的报文进行过滤。

[H3C] firewall enable

[H3C] interface ethernet 1/1

[H3C-Ethernet1/1] firewall packet-filter 3000 outbound

[H3C-Ethernet1/1] quit

（4）使用 ping 命令查看配置效果并记录。

（5）在 Router 上使用 display acl 命令查看 ACL 配置和运行情况。

（二）NAT（Network Address Translation）网络地址转换

目前 IPv4 的地址空间已经基本用尽，大量的 Internet 接入网络在组网时使用的都是私网 IP 地址，RFC 1918 为规定了三个私有网络 IP 地址块，A 类：10.0.0.0 ～ 10.255.255.255；B 类：172.16.0.0 ～ 172.31.255.255；C 类：192.168.0.0 ～ 192.168.255.255。私网地址不需要事先向 IP 地址管理机构申请，可以组建内部网络，但是私网地址不能直接访问 Internet。NAT 协议的作用就是将内部网络（Intranet）地址转换为公网（Internet）地址，使 Intranet 网络中的主机能够访问 Internet。

1.NAT 转换过程

现有一个内部网络 Intranet 上的主机 PC，想要访问 Internet 上的服务器 Server，组网如图 3-10-2 所示。启用了 NAT 的路由器从内部网 Intranet 收到一个数据包，数据包的源地址为 192.168.1.2，目的地址为 Internet 上的公网地址 202.203.17.43。此时，要使此数据包能在公网上转发，路由器需要做一个 NAT 转换，将数据包的源地址转换为公网地址 211.129.21.8。NAT 路由器完成地址转换后将数据包转发到 Internet 上。

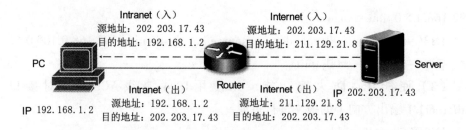

图 3-10-2   NAT 路由器转换过程

当 Internet 上地址为 202.203.17.43 的 Sever 收到此数据包时，以为此数据包来自地址为 211.129.21.8 的主机，于是做出响应，发送响应数据包，此数据包的源地址为 202.203.17.43，目的地址为 211.129.21.8。当路由器 Router 收到这个数据包后，启用 NAT 转换，将目的地址转换为私网地址 192.168.1.2，发送到内网 Intranet 上，主机 PC 就可以收到来自 Server 的应答数据包了。路由器 Router 上的 NAT 转换表见表 3-10-2 所列。

表3-10-2   NAT地址转换表

方向	字段	原 IP 地址	转换后 IP 地址
出	源地址	192.168.1.2	211.129.21.8
入	目的地址	211.129.21.8	192.168.1.2

2.NAPT

网络地址端口转换 NAPT（Network Address Port Translation），允许多个内网地址转换成同一个公网地址，实现多对一的地址转换。转换时同时使用 IP 地址和端口号的映射，来自不同内网地址的数据使用相同的公网地址，但是使用不同的端口号加以区分。

如图 3-10-3 所示，内网两台主机地址分别为 192.168.1.2 和 192.168.1.3，想要访问 Internet，此时路由器 Router 上使用 NAPT 将源地址和端口号进行了转换，转换结果见表 3-10-3 所列。

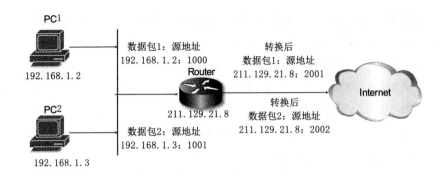

图 3-10-3　NAT 路由器转换过程

表3-10-3　NAPT路由器转换表

方向	字段	原 IP 地址：端口号	转换后 IP 地址：端口号
出	源地址：端口号	192.168.1.2:1000	211.129.21.8:2001
出	源地址：端口号	192.168.1.3:1001	211.129.21.8:2002
入	目的地址：端口号	211.129.21.8:2001	192.168.1.2:1000
入	目的地址：端口号	211.129.21.8:2002	192.168.1.3:1001

3.NAT 的内部服务器功能

NAT 提供了内部服务器功能，就是通过静态配置公网"IP 地址：端口号"和私网"IP 地址：端口号"间的映射关系，实现公网 IP 地址到私网 IP 地址的"反向"转换，即实现外网访问内部网络服务器的目的。

（三）配置地址转换

NAT 设备上的静态建立或动态生成的地址映射关系可以实现内部网络与外部网络 IP 地址的转换。按照地址映射关系的产生方式将地址转换分为动态地址转换和静态地址转换两类。

（1）静态地址转换。外部网络和内部网络之间的地址映射关系在配置中确定，适用于内部网络与外部网络之间的少量固定访问需求。

（2）动态地址转换。外部网络和内部网络之间的地址映射关系由报文动态决定。通过配置访问控制列表和地址池（或接口地址）的关联，由"具有某些特征的 IP 数据包"挑选使用"地址池中地址（或接口地址）"，从而建立动态地址映射关系，适用于内部网络有大量用户需要访问外部网络的需求。这种情况下，关联中指定的地址池资源由内网报文按需从中选择使用，访问外网的会话结束之后该资源便释放给其他用户。

1.静态地址转换配置

静态地址映射支持一对一的映射和网段对网段的映射。配置过程：①在系统视图下配置静态地址转换映射；②在接口下启用该映射。

（1）一对一的静态地址映射——nat static。

【描述】nat static 命令用于配置一对一静态地址转换映射。undo nat static 命令用来取消一对一静态地址转换映射。

【命令格式】nat static [acl-number] local-ip global-ip

undo nat static [acl-number] local-ip global-ip

【视图】系统视图。

【参数】acl-number：访问控制列表号，取值范围为 2000 ～ 3999，可通过指定本参数来控制内网主机可以访问的目的地址；local-ip：内网 IP 地址；global-ip：外网 IP 地址。

【命令使用】

①系统视图下，配置内网 IP 地址 192.168.1.3 到外网 IP 地址 202.203.21.1 的静态地址转换。

<H3C> system-view

[H3C] nat static 192.168.1.2 202.203.21.1

②配置静态地址转换，允许内网用户 192.168.1.3 访问外网网段 3.3.3.0/24 时，使用外网 IP 地址 202.203.21.1。

<H3C> system-view

[H3C] acl number 3001

[H3C-acl-adv-3001] rule permit ip destination 3.3.3.0 0.0.0.255

[H3C-acl-adv-3001] quit

[H3C] nat static 3001 nat static 192.168.1.2 202.203.21.1

（2）网段对网段的地址转换——nat static net-to-net。

【描述】nat static net-to-net 命令用于配置网段到网段的静态地址转换映射。undo nat static net-to-net 命令用来取消网段到网段的静态地址转换映射。

【命令格式】nat static [acl-number] net-to-net local-start-address local-end-address global global-network { netmask-length | netmask }

undo nat static [acl-number] net-to-net local-start-address local-end-address global global-network { netmask-length | netmask }

【视图】系统视图。

【参数】acl-number：访问控制列表号，取值范围为 2000 ～ 3999，可通过指定本参数来控制内网主机可以访问的目的地址；local-start-address local-end-address：内网 IP 地址范围，所包含的地址数目不能超过 255；netmask-length：网络掩码长度；netmask：网络掩码。

【命令使用】

①配置内网网段 192.168.10.0/24 到外网网段 202.203.16.0/24 的双向静态地址转换。

<H3C> system-view

[H3C] nat static net-to-net 192.168.10.1 192.168.10.255 global 202.203.16.0 24

②配置网段到网段的静态地址转换，允许内网 192.168.10.0/24 网段的用户访问外网网段 3.3.3.0/24 时，使用外网网段 202.203.26.0/24 中的地址。

<H3C> system-view

[H3C] acl number 3001

[H3C-acl-adv-3001] rule permit ip destination 3.3.3.0 0.0.0.255

[H3C-acl-adv-3001] quit

[H3C] nat static 3001 net-to-net 192.168.10.1 192.168.10.255 global 202.203.16.0 24

（3）NAT 接口配置——nat outbound static。

【描述】nat outbound static 命令用来使配置的 NAT 静态转换在接口上生效。undo nat outbound static 命令用来取消接口上已经配置的 NAT 静态转换。

【命令格式】nat outbound static

undo nat outbound static

【视图】接口视图。

【命令使用】配置内网 IP 地址 192.168.1.3 到外网 IP 地址 202.203.21.1 的一对一转换，并且在 Ethernet1/1 接口上使能该地址转换。

<H3C> system-view

[H3C] nat static 192.168.1.3 202.203.21.1

[H3C] interface Ethernet 1/1

[H3C-Ethernet1/1] nat outbound static

2. 动态地址转换配置

动态地址转换需要配置接口上的公网地址池和配置访问控制列表的关联。如果使用公网接口地址作为转换后的地址，直接使用 Easy IP 功能即可。在使用地址池作为转换后的地址时可以使用端口号实现多对多的地址转换（NAPT），也可以不使用端口号（NO-PAT）。

配置过程：

①配置访问控制列表，用于控制地址转换范围；

②配置公网 IP 地址池或使用 Easy IP；

③确定端口信息。

（1）配置公网地址池——nat address-group。

【描述】nat address-group 命令用来配置 NAT 转换使用的地址池。若本命令中指定了开始 IP 地址和结束 IP 地址，则表示要定义一个地址池；若不指定开始 IP 地址和结束 IP 地址，则表示要创建并进入一个地址组视图。undo nat address-group 命令用来删除配置的地址池或者地址组。

【命令格式】nat address-group group-number [start-address end-address]

　　　　　　undo nat address-group group-number [start-address end-address]

【视图】系统视图。

【参数】group-number：地址池索引号，取值范围为 0 ～ 31；start-address：地址池的开始 IP 地址；end-address：地址池的结束 IP 地址。end-address 必须大于或等于 start-address，如果 start-address 和 end-address 相同，则表示只有一个地址。地址池中的 IP 地址数不能超过 255 个。

一个地址池是一些连续的 IP 地址的集合，而一个地址组是多个地址组成员的集合，各个地址组成员（通过 address 命令配置）所定义的 IP 地址范围之间可以是不连续的，因此一个地址组中允许存在多个不连续的 IP 地址段。

【命令使用】

①配置一个从 202.203.17.5 到 202.203.17.25 的地址池，地址池索引号为 1。

<H3C> system-view

[H3C] nat address-group 1 202.203.17.5 202.203.17.255

②创建地址组 2，并在该地址组视图下添加一个从 211.98.21.1 到 211.98.21.15 的地址组成员。

<H3C> system-view

[H3C] nat address-group 2

[H3C-nat-address-group-2] address 211.98.21.1 211.98.21.15

（2）动态转换 NAT 出接口关联——nat outbound。

【描述】nat outbound 命令用来配置出接口地址关联。若配置了访问控制列表，则表示将一个访问控制列表 ACL 和一个地址池关联起来，即符合 ACL 规则的报文的源 IP 地址可以使用地址池中的地址进行地址转换；若不配置访问控制列表，则表示只要出接口报文的源 IP 地址不是出接口的地址，就可以使用地址池中的地址进行地址转换。undo nat outbound 命令用来取消关联。

【命令格式】nat outbound [acl-number] [[address-group group-number [no-pat [reversible]]] | port-range port-range-start port-range-end]

undo nat outbound [acl-number] [[address-group group-number [no-pat [reversible]] ‖[port-range port-range-start port-range-end]

【视图】接口视图。

【参数】acl-number：访问控制列表号，取值范围为 2000 ~ 3999；address-group group-number：指定地址转换使用的地址池，group-number 为一个已经定义的地址池的编号，取值范围为 0 ~ 31；no-pat：表示不使用 TCP/UDP 端口信息实现多对多地址转换；reversible：表示允许反向地址转换；port-range port-range-start port-range-end：指定地址池地址的端口范围，取值范围为 1 ~ 65 535，起始端口 port-range-start 不能大于结束端口 port-range-end。

【命令使用】允许 10.10.10.0/24 网段的主机进行地址转换，选用 202.203.17.5 到 202.203.17.10 之间的地址作为转换后的地址。假设 Ethernet1/0 接口连接外部网络。

①配置访问控制列表。

<H3C> system-view

[H3C] acl number 2001

[H3C-acl-basic-2001] rule permit source 10.10.10.0 0.0.0.255

[H3C-acl-basic-2001] rule deny

[H3C-acl-basic-2001] quit

②配置地址池。

[H3C] nat address-group 1 202.203.17.5 202.203.17.10

③配置 NAPT。允许地址转换，使用地址池 1 中的地址进行地址转换，在转换的时候使用 TCP/UDP 的端口信息。

[H3C] interface Ethernet 1/0

[H3C-Ethernet1/0] nat outbound 2001 address-group 1

④配置 No-pat。如果不使用 TCP/UDP 的端口信息进行地址转换，可以使用如下配置。

<H3C> system-view

[H3C] interface Ethernet 1/0

[H3C-Ethernet1/0] nat outbound 2001 address-group 1 no-pat

⑤如果直接使用 Ethernet1/0 接口的 IP 地址（Easy IP），可以使用如下的配置。

<H3C> system-view

[H3C] interface Ethernet 1/0

[H3C-Ethernet1/0] nat outbound 2001

3. 配置内部服务器——nat server

【描述】nat server 命令用来定义一个内部服务器的映射表，用户可以通过 global-address 定义的地址和 global-port 定义的端口来访问地址和端口分别为 local-address 和 local-port 的内部服务器。undo nat server 命令用来取消映射表。

【命令格式】nat server protocol pro-type global { global-address | current-interface | interface interface-type interface-number } global-port1 global-port2 [vpn-instance global-name] inside local-address1 local-address2 local-port

undo nat server protocol pro-type global { global-address | current-interface | interface interface-type interface-number } global-port1 global-port2 [vpn-instance global-name] inside local-address1 local-address2 local-port

【视图】接口视图。

【参数】index：指定内部服务器的索引号，取值范围为 1 ～ 256；protocol pro-type：指定支持的协议类型，可以支持 TCP、UDP 和 ICMP 协议，当指定为 ICMP 时，配置的内部服务器不带端口参数；global-address：提供给外部访问的合法 IP 地址；current-interface：使用当前接口地址作为内部服务器的外网地址；interface：表示使用指定接口的地址作为内部服务器的外网地址，即实现 Easy IP 方式的内部服务器；interface-type interface-number：指定接口类型和接口编号，目前只支持 Loopback 接口，且 Loopback 接口必须存在，否则为非法配置；global-port1 global-port2：通过两个端口指定一个端口范围，和内部主机的 IP 地址范围构成一种对应关系，global-port2 必须大于 global-port1；local-address1 local-address2：定义一组连续的地址范围，和前面定义的端口范围构成一一对应的关系，local-address2 必须大于 local-address1，该地址范围的数量必须和 global-port1.global-port2 定义的端口数量相同；local-port：内部服务器提供的服务端口号，取值范围为 0 ～ 65 535（FTP 数据端口号 20 除外）。

注意：

①常用的端口号可以用关键字代替。例如，Web 服务端口为 80，可以用 www 代替。FTP 服务端口号为 21，可以用 ftp 代替。

②取值为 0，表示任何类型的服务都提供，可以用 any 关键字代替，相当于 global-address 和 local-address 之间有一个静态的连接。

③global-port：提供给外部访问的服务端口号，取值范围为 0 ～ 65 535，缺省值及关键字的使用和 local-port 的规定一致。

④local-address：服务器在内部局域网的 IP 地址。

remote-host host-address：访问内部服务器的远端主机的 IP 地址。

lease-duration lease-time：内部服务器向外部提供服务的有效时间。lease-time 表示有效期，取值范围为 0 ～ 4 294 967 295，单位为秒。0 表示永不过期。

description string：内部服务器表项的描述信息，为 1 ～ 256 个字符的字符串，不区分大小写。

【命令使用】指定局域网内部的 Web 服务器的 IP 地址是 192.168.10.10，内部的 FTP 服务器的 IP 地址是 192.168.10.11，希望外部通过 http://202.203.16.10:8080 可以访问 Web 服务器，通过 ftp://202.203.16.10 可以

访问 FTP 服务器。假设 Ethernet1/0 和外部网络连接。

<H3C> system-view

[H3C] interface Ethernet 1/0

[H3C-Ethernet1/0] nat server protocol tcp global 202.203.16.10 8080 inside 192.168.10.10 www

[H3C-Ethernet1/0] nat server protocol tcp global 202.203.16.10 21 inside 192.168.10.11

（1）删除 Web 服务器。

<H3C> system-view

[H3C] interface Ethernet 1/0

[H3C-Ethernet1/0] undo nat server protocol tcp global 202.203.16.10 8080 inside 192.168.10.10 www

（2）删除 FTP 服务器。

<H3C> system-view

[H3C] interface Ethernet 1/0

[H3C-Ethernet1/0] undo nat server protocol tcp global 202.203.16.10 21 inside 192.168.10.11

4. 查看 NAT 配置——display nat all

【描述】display nat all 命令用来显示所有的 NAT 配置信息。

【命令格式】display nat all [| { begin | exclude | include } regular-expression]

【视图】任意视图。

【参数】|：使用正则表达式对显示信息进行过滤；begin：从包含指定正则表达式的行开始显示；exclude：只显示不包含指定正则表达式的行；include：只显示包含指定正则表达式的行；regular-expression：表示正则表达式，为 1 ~ 256 个字符的字符串，区分大小写。

【命令使用】显示所有的关于地址转换的配置信息。

<H3C> display nat all

5.NAT 配置实验

实验组网及 IP 地址配置如图 3-10-4 所示，学校有 202.203.16.5 ~ 202.203.16.11 共 7 个公网 IP 地址，要求教师办公室可以访问 Internet，教学楼不能访问 Internet，学生公寓在每天时间段 18:00 ~ 21:00

上网，校园网内私网地址为 192.168.4.5 的 Web 服务器通过地址转换为 202.203.16.11，供外网用户访问。

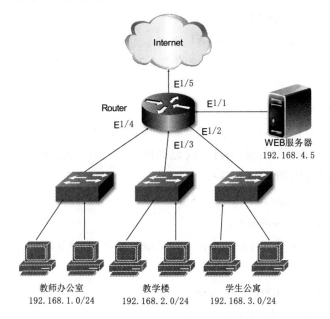

图 3-10-4 NAT 实验组网图

配置步骤：

（1）为教师办公室主机配置 NAT。

①配置 IP 地址池 1，包含学校的 202.203.16.5 ～ 202.203.16.7 共 3 个公网地址。

<Router> system-view

[Router] nat address-group 1 202.203.16.5 202.203.16.7

②配置访问控制列表 2001，仅允许内部网络中 192.168.1.0/24 网段的用户可以访问 Internet。

[Router] acl number 2001

[Router-acl-basic-2001] rule permit source 192.168.1.0 0.0.0.255

[Router-acl-basic-2001] rule deny

[Router-acl-basic-2001] quit

③在出接口 Ethernet1/5 上配置与 IP 地址池 1 相关联的 ACL 2001，并实现 NAPT。

[Router] interface Ethernet 1/5

[Router–Ethernet1/5] nat outbound 2001 address–group 1

[Router–Ethernet1/5] quit

（2）为学生公寓主机配置 NAT。

①配置 IP 地址池 2，包含学校的 202.203.16.8 ～ 202.203.16.10 共 3 个公网地址。

<Router> system–view

[Router] nat address–group 2 202.203.16.8 202.203.16.10

②配置访问控制列表 3001，仅允许内部网络中 192.168.3.0/24 网段的用户在时间段内可以访问 Internet。

[H3C] time–range net 8:00 to 18:00

[Router] acl number 3001

[H3C–acl–adv–3001] rule permit ip source 192.168.3.0 0.0.0.255 time–range net

[H3C–acl–adv–3001] rule deny

[H3C–acl–adv–3001] quit

③在出接口 Ethernet1/5 上配置与 IP 地址池 1 相关联的 ACL 2001，并实现 NAPT。

[Router] interface Ethernet 1/5

[Router–Ethernet1/5] nat outbound 3001 address–group 2

[Router–Ethernet1/5] quit

（3）配置 NAT Server，使内部 Web 服务器可以被外部网络访问。

①进入出接口 Ethernet1/5。

<Router> system–view

[Router] interface ethernet 1/5

②设置内部 Web 服务器。

[Router–Ethernet1/5] nat server protocol tcp global 202.203.16.11 80 inside 192.168.4.5 www

[Router–Ethernet1/5] quit

（4）测试。

①由实验组长分配组网中的主机 IP 地址和路由器 Router 的接口 IP 地址，

并进行配置。

②在内网服务器上配置 Web 站点。

③在路由器上自行选择路由协议并配置路由，使组网中所有的内网主机能够相互 ping 通，如果 ping 不通，则查找原因并处理，记录结果。

④在 Router 的 Ethernet1/5 上连接主机，模拟 Internet 上的主机。在该主机上使用公网地址访问内网服务器，记录结果。

⑤使用 display nat all 命令查看路由器上的 NAT 配置，记录并分析显示内容。

四、实验报告要求

（1）按照实验步骤的要求，记录实验过程，分析实验结果。

（2）记录实验中出现的问题和解决的方法。

（3）记录本次实验的配置脚本。

五、思考题

（1）简述什么是 ACL？ ACL 的作用是什么？

（2）简述 NAT 协议的作用、原理、分类及工作过程

（3）简述动态 NAT 的配置过程。

第四章　网络中的服务器

在网络的边缘部分运行着大量的服务器，为互联网用户提供各种各样的信息服务。服务器也是计算机，服务器的运行同样需要硬件和软件支持。从硬件上看，虽然结构和普通计算机类似，但是各个部件的性能均高出普通计算机很多，服务器一般需要多个 CPU 同时工作，具有强大的运算能力，内存和硬盘容量均远大于普通 PC，还需要较强的网络接口吞吐能力。从软件上看，服务器同样需要操作系统和应用组件。

服务器的操作系统有四大类。

（1）Windows Server 操作系统。它包括许多系列，如 Windows Server 2000、Windows Server 2003、Windows Server 2019 等。它是微软家族的操作系统，在 .NET 环境下开发，支持微软的文件操作和管理系统，具有良好的应用框架。

（2）Unix 操作系统。它由 AT&T 公司和 SCO 公司共同推出，使用 C 语言编写，兼容性更好，具有内建的 TCP/IP 体系结构，具有良好的稳定性和安全性，支持大型的文件系统服务、数据服务等应用，是使用最为广泛的服务器操作系统。

（3）Linux 操作系统。Linux 是一个开放性的操作系统，最初由芬兰大学生开发，具有 UNIX 的全部功能。它是一个具有开放性，支持多用户、多进程、多线程，实时性较好，功能强大而稳定，可在 CNU 自由软件基金会组织公共许可权限 GPL 下免费获得，符合 POSIX 标准的操作系统。

（4）Netware 操作系统。它是计算机网络早期广泛使用的操作系统，提供文件共享存取和打印功能，包含开放标准和文件协议，现在已经极少使用了。

服务器要保证高速、高吞吐量、长时间的可靠运行，提供客户端请求的快速响应和 QOS 保证。一般可以从采用 RASUM 的标准来衡量服务器性能是否达到应用需求。RASUM 即 R（Reliability）可靠性；A（Availability）可用性；S（Scalability）可扩展性；U（Usability）易用性；M（Manageability）可管理性。

根据不同的体系结构，服务器可以分为 IA 架构服务器和 RISC 架构服务器。IA 架构服务器采用 CISC 体系结构，使用复杂指令集。RISC 架构服务器采用精简指令集。根据服务器服务的网络范围，服务器可以分为工作组服务器、部门服务器和企业服务器。服务器提供服务的网络范围的大小决定着服务器的性能选择。根据服务器的功能角度划分，服务器可以分为 Web 服务器、E-mail 服务器、DNS 服务器、Proxy 服务器、数据库服务器等。

本章设置两个实验，实验十一是在 PC 机上安装、运行 VMware 软件，建立虚拟服务器。虚拟机上安装 Windows Server 2003，和在真实环境下运行 Windows Server 2003 一样，采用相同的配置方式可以获得网络服务。本实验在 Windows Server 2003 操作系统下设置 Web 服务器和 DNS 服务器。实验十二是使用 Wireshark 软件分析基于 Web 服务的 HTTP 协议的工作过程。

实验十一　Windows 服务器的安装与配置——Web 和 DNS

一、实验目的

（1）了解 VMware 软件的安装与使用；
（2）了解 Windows Server 2003 提供的基本网络服务的配置；
（3）掌握 Web 服务器配置方法；
（4）掌握 DNS 服务器的配置方法。

二、实验设备

（1）安装有 Windows Server 2003 的计算机（在 VMware 上安装）；
（2）装有 Windows 操作系统的 PC 机；
（3）S3526 交换机；

（4）双绞线。

三、实验内容及步骤

（一）组网环境

1.实验组网

如图 4-11-1 所示，使用网线连接服务器、S3526 交换机和测试主机。服务器是在 VMware 上安装的 Windows Server 2003，而每一台安装有虚拟服务器的 PC 机可以同时作为客户机运行 Windows 7 操作系统。

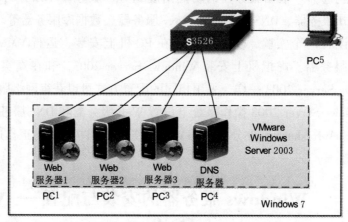

图 4-11-1　服务器实验组网图

2.IP 地址和域名分配

（1）为 PC 机上、Windows 7 操作系统下的真实网卡配置 IP 地址，地址分配在 192.168.21.0/24 网段，但不能与虚拟服务器 IP 地址重复。

（2）虚拟服务器的 IP 地址在 VMware 安装的 Windows Server2003 的虚拟网卡上配置。Web 服务器 1（虚拟机）：192.168.21.127/24；Web 服务器 2（虚拟机）：192.168.21.128/24；Web 服务器 3（虚拟机）：192.168.21.129；DNS 服务器（虚拟机）：192.168.21.130。

（3）S2526 Vlan1 的 IP 地址为 192.168.21.1/24。

注意：在记录主机分配的 IP 地址时，必须记录虚拟服务器上虚拟网卡的 IP 和实际网卡的 IP 地址（同一台 PC 机上对应记录）。所有主机的子网掩码均为 255.255.255.0，网关为 192.168.21.1，DNS 为 192.168.21.130。

（4）设置 Web 服务器的域名，分别为 www. ceshi.com、www.ceshi1.com、www. ceshi2.com。

（二）S3526 及 Web 站点配置

1. 配置 S3526 vlan1 的 IP 地址 192.168.21.1

配置命令：

[S3526] vlan 1

[S3526– vlan –interface 1] ip address 192.168.21.1 255.255.255.0

2. 虚拟机上的虚拟网络配置

在 VMware 上开启 Windows Server 2003，并且配置虚拟机的 IP 地址。在 VMware 上设置：

（1）【编辑】→【虚拟网络编辑器】→选择：VMnet1 →选择桥接模式→桥接到实际网卡上（图 4–11–2）。

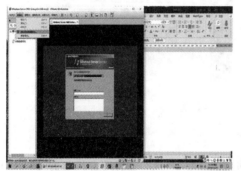

图 4-11-2　虚拟网络设置

（2）【虚拟机】→【设置】→【网络适配器】→选择：桥接模式（图 4–11–3）。

图 4-11-3　虚拟机适配器设置

测试：所有 IP 地址相互能够 ping 通，记录结果。

注意：操作虚拟机时，使用 Ctrl+G 将输入模式切换到虚拟机下，使用 Ctrl+Alt 将输入切换回到本机 Windows 系统中。

3.Web 服务器配置

（1）安装 IIS。

IIS（Internet Information Services，互联网信息服务）是由微软公司提供的基于运行 Microsoft Windows 的互联网基本服务。Windows Server 2003 上自带的是 IIS 6.0 版。

①【开始】→【控制面板】→【添加 / 删除程序】→【添加 / 删除组件】→【应用程序服务器】，安装 IIS 应用程序（图 4-11-4）。

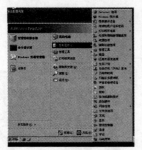

图 4-11-4　IIS 的安装

（2）发布网站及 Web 站点。

①先 C 盘下建立 my web 文件夹 C:\myweb，将网站内容拷贝在文件夹中。

②【开始】→【控制面板】→【管理工具】→【Internet 信息服务（IIS）管理】→打开【本地计算机】→【网站】→【右键】→【新建】→【网站】（图 4-11-5）。

图 4-11-5　创建网站步骤图 1

③进入网站创建向导→【下一步】→输入【网站描述】: ceshi →【下一步】（图 4-11-6）。

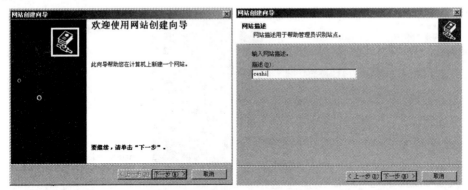

图 4-11-6　创建网站步骤图 2

④【网站 IP 地址】: 192.168.21.129 ;【网站 TCP 端口（默认值 : 80）】: 80 →【下一步】→【路径】: C:\my web →【下一步】（图 4-11-7）。

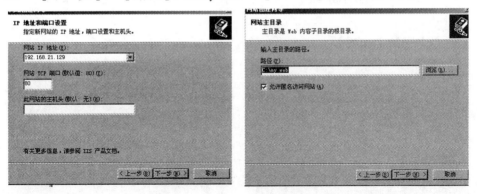

图 4-11-7　创建网站步骤图 2

⑤设置网站访问权限→勾选：读取；运行脚本；执行→【下一步】→【完成】：完成网站的创建（图4-11-8）。

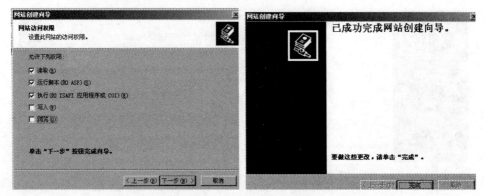

图4-11-8 创建网站步骤图2

（3）Web站点的基本配置。

①打开【本地计算机】→【网站】→【ceshi】→右键→【属性】（他4-11-9）。

②【网站】选项卡。

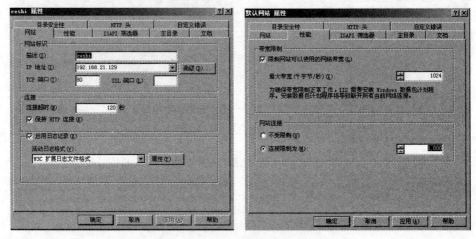

图4-11-9 web网站属性设置1

SSL端口：默认端口号为443，用于浏览器端口，为HTTP协议服务，提供加密和安全端口传输。

③【性能】选项卡。

按照需求设置是否限制网络带宽和网络连接数。

注意：通过配置某网站的网络带宽，可以更好地控制访问站点的通信量。

◇单击"限制网站可以使用的带宽"复选框，可配置 IIS 将网络带宽调节到选定的最大带宽量，以千字节 / 秒 (KB/S) 为单位。

◇单击"网站连接"复选框，可选择特定数目或者不限定数目的 Web 服务连接。限制连接可使计算机资源能够用于其他进程。

④【主目录】选项卡（图 4-11-10）。

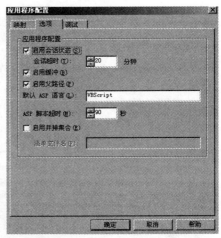

图 4-11-10　Web 网站属性设置 2

如果想使用存储在本地计算机上的网站内容，则单击"此计算机上的目录"，然后在"本地路径"上输入网站在本机上的存储的路径。如果要使用存储在另一台计算机上的 Web 内容，则单击"另一计算机上的共享"，然后在显示的网络目录框中输入网站内容所在的网络位置；如果要使用存储在另一个 Web 地址的 Web 内容，则单击"重定向到 URL"。

注意：修改【执行权限】为【纯脚本】或【脚本和可执行文件】。

◇启用父路径支持:【配置】→【选项】→启用父路径。

⑤【文档选】项卡。

用于设置网站的默认启动文档。图 4-11-11 为 IIS 默认的启动文档。如果要定义新的启动文档，则点击【添加】。

图 4-11-11　web 网站属性设置 3

如果网站的主页文件为 index.html，将 index.html 添加至默认内容文档中，将 index.html 移至最上面。

● 【目录安全性】选项卡（图 4-11-12）

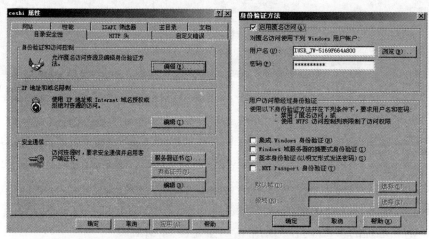

图 4-11-12　web 网站属性设置 4

选择"身份验证和访问控制"→【编辑】：去掉身份验证的所有勾选项。

（4）设置网站权限。网站→【ceshi】→右键→【权限】。

此对话框显示在此 Web 站点上具有操作权限的用户账户。点击【添加】，可以添加可操作此 Web 站点的用户账户。点击【确定】，此时站点已经启动（图 4-11-13）。

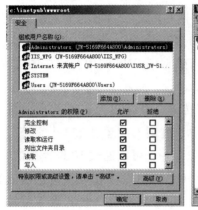

图 4-11-13 设置网站权限 4

注意：此时只是初步完成 IIS 的安装设置，只支持静态内容，不能显示 ASP 动态网页。

（5）在 PC5 上测试网站是否能被访问：打开 Internet explorer，在地址栏输入网站 IP 地址即可（图 4-11-14）。

注意：此处输入的 IP 地址为建立了网站的虚拟机的 IP 地址。

图 4-11-14 网站测试图

（三）DNS 服务器配置

DNS 域名系统（Domain Name System）是互联网的一项服务。它的作用是将主机的域名解析为 IP 地址，建立相互映射的一个分布式数据库，使因特网的访问更加方便。调用 DNS 的不是访问 Internet 的用户，而是用户使用的进程，如浏览器。人们只需要记住所访问的网站域名，将域名输入浏览器地址栏后，点击回车，浏览器就会成为 DNS 的客户进程，调用 DNS 服务，完成域名解析。在此过程中，上网的用户没有感觉到 DNS 调用及解析的过程。除此之外，Ping 等进程也能调用 DNS 服务。

DNS 使用运输层的 UDP 协议进行数据传输，其端口为 53。当前，对于每一级域名长度的限制是 63 个字符，域名总长度则不能超过 253 个字符。虽然因特网上的节点都可以用 IP 地址唯一标识，并且可以通过 IP 地址被访问，但即使是将 32 位的二进制 IP 地址写成 4 个 0～255 的十位数形式，也依然太长、太难记。因此，人们发明了域名（Domain Name），域名服务可将一个 IP 地址关联到一组有意义的字符上去。用户访问一个网站的时候，既可以输入该网站的 IP 地址，也可以输入其域名，对被访问的网站而言，两者是等价的。

域名服务器（Domain Name Server，DNS）是进行域名和与之相对应的 IP 地址转换的服务器。DNS 中保存了一张域名和与之相对应的 IP 地址的表，以解析消息的域名。 域名是 Internet 上某一台计算机或计算机组的名称，用于在数据传输时标识计算机的电子方位（有时也指地理位置）。域名是由一串用点分隔的名字组成的，通常包含组织名，而且始终包括 2～3 个字母的后缀，以指明组织的类型或该域所在的国家或地区。

安装 DNS 组件的操作步骤如下。

（1）设置 DNS 服务器的 IP 地址，设置虚拟服务的本地连接地址。IP 地址设置为 192.168.21.130，子网掩码为 255.255.255.0，网关为 192.168.21.1。

（2）安装网络服务:【开始】→【控制面板】→【添加 / 删除程序】→【添加 / 删除组件】→【网络服务】（图 4-11-15）。

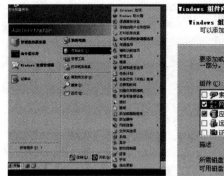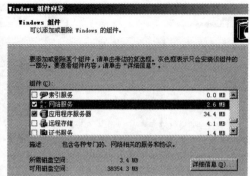

图 4-11-15 DNS 服务器的安装

（3）新建 DNS 区域：【开始】→【管理工具】→【DNS】→【正向查找区域】→右键→【新建区域】（图 4-11-16）。

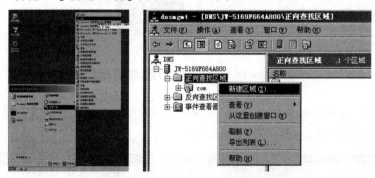

图 4-11-16 DNS 服务器的设置

（4）DNS 区域相关设置：选择【主要区域】→区域名称【com】→创建新文件，文件名【com.dns】→动态更新【不允许动态更新】（图 4-11-17）。

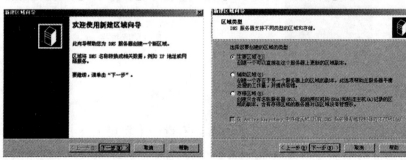

图 4-11-17 DNS 新建区域过程图

图 4-11-17　DNS 新建区域过程图（续）

（5）设置域名：左边任务区【com】右键→【新建域】→输入新的 DNS 域名【ceshi】→【确定】（图 4-11-18）。

图 4-11-18　新建域名

（6）新建主机：左侧任务区【ceshi】右键→【新建主机】→名称【www】→完全合格的域名【www.ceshi.com】→ IP 地址【192.168.21.129】→【添加主机】（图 4-11-19）。

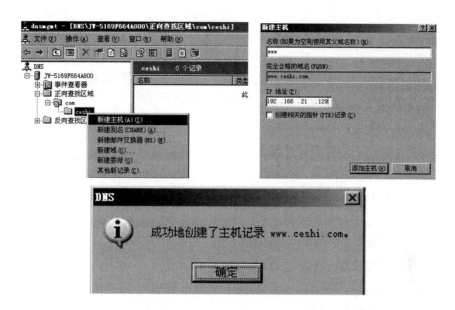

图 4-11-19 DNS 新建主机过程图

到此完成 Web 服务器的 DNS 设置，建立了域名 www.ceshi.com 至 IP 地址 192.168.21.129 的映射。以相同的方式完成组网中其余两台 Web 服务器的 DNS 配置。

（7）测试。要求组网中的所有 PC 机及虚拟机均能 ping 通，并且在浏览器中输入域名均能访问的网站，测试并记录结果（图 4-11-20）。

图 4-11-20 浏览器访问域名的测试结果

四、实验报告要求

（1）按照实验步骤的要求，记录实验过程，分析实验结果。

（2）记录实验中出现的问题和解决的方法。

（3）记录本次实验的配置过程。

五、思考题

（1）简述 DNS 服务器的功能以及域名解析过程。

（2）什么是动态文档？

（3）在 Windows Server 操作系统下建立 Web 服务器，要安装什么组件，其中有哪些关键设置？

（4）在 Windows Server 操作系统下建立 DNS 服务器，要安装什么组件，其中有哪些关键设置？

（5）简述本次实验中在 PC 机上使用浏览器访问网址 www.ceshi.com 的整个过程中，TCP/IP 各层协议的运行情况。

实验十二　基于 Web 服务的 HTTP 协议分析

一、实验目的

（1）了解 Wireshark 软件的使用方法；

（2）了解 HTTP 协议基本原理；

（3）掌握 HTTP 协议中浏览器和服务器的交互过程；

（4）了解 HTTP 缓存机制；

（5）掌握 Cookie 的作用；

（6）掌握使用 Wireshark 软件分析数据包的方法。

二、实验设备

（1）装有 Windows 操作系统和 Wireshark 软件的 PC 机；

（2）S3526 交换机；

（3）双绞线。

三、实验内容及步骤

（一）实验原理

1.HTTP 协议

万维网（World Wide Web，WWW）服务是 Internet 上应用最广的服务。它是一个大规模的联机式的信息储存所。它使用超链接的方式，让用户非常方便地访问 Internet 上的资源。当用户需要访问一个网站时，用户在浏览器中输入网站的域名，由 DNS 服务器将域名解析为 IP 地址。浏览器获得目的服务器的 IP 地址以后，使用 HTTP 协议（Hyper-Text Transfer Protocol，RFC 2616）向 Web 服务器发出请求，服务器收到请求后，向源主机返回一个使用 HTML（Hyper_Text Markup Language）语言编制的文档，也就是我们所说的"页面"。一个 HTML 文档是用 HTML 语言、CSS、JavaScript 等各种脚本语言以及各种框架编写的，它包含文本信息、多媒体信息、脚本程序及超链接等内容。浏览器通过分析 HTML 文档，将其中的信息以多媒体形式显示给用户。在页面文件传输过程中，HTTP 协议规定了主机和服务器之间传递文件的方法。HTTP 协议采用了 C/S（客户 / 服务器）模式传输信息，通常由客户端向服务器发送请求，请求报文包含方法、URL（统一资源标识符）、客户端 http 协议版本等信息。服务器收到请求后，向发送请求的客户端发出响应。响应报文中包含服务器端 http 协议的版本、响应状态编码、服务器信息、返回的文件信息以及请求的文件主体。HTTP 协议使用传输层的 TCP 协议，端口号一般为 80。URL 标识了文档在网络上的存储位置及获得此文档的方法，例如一个 URL 为 http://www.dali.edu.cn/news/zhxw/d3080491ef6a456a8d2f85ec168bcf87.htm，此 URL 表示现在访问的文档存储的主机域名为 www.dali.edu.cn，在服务器上的文件存储路径为 /news/zhxw/d3080491ef6a456a8d2f85ec168bcf87.htm，文件名为 d3080491ef6a456a8d2f85ec168bcf87.htm，服务器使用 http 协议把本文件传输给客户端。通常页面中还包括其他的 URL，如图片、Flash、Java 代码等的引用，这时浏览器会向原有 TCP 连接或新建 TCP 连接继续发出 GET 请求，得到页面中需要的这些文件资源。除了 GET 请求外，浏览器有时候还需要向服务器发送数据，如用户输入的信息，此时可以用 POST 方法。

HTTP 协议有两类报文：请求报文和响应报文。请求报文是客户端发给服务器端的报文，响应报文是服务器端回送给客户端的响应。报文格式如图 4-12-1 所示。请求报文和响应报文都由三部分组成：请求行、首部行和实体主体。

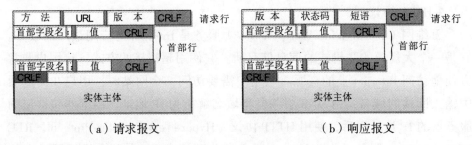

（a）请求报文　　　　　　　　　　（b）响应报文

图 4-12-1　HTTP 报文结构

（1）HTTP 请求报文。

HTTP 请求报文的第一行为请求行，包括三项内容：方法即应完成的操作、网页路径和名称、HTTP 版本号。当 HTTP 请求的方法为 GET 时，发送请求报文的客户端浏览器想要得到服务器上的 index.html 文件。HTTP 协议请求的方法主要有 GET、HEAD、POST、PUT、OPTIONS 等，这些方法的意义见表 4-12-1 所列。请求报文中的首部行定义了客户端能接受的编码方式、语言、文件类型以及浏览器信息等字段。注意：每一行用回车换行，表示一行的结束。请求报文的实体主体中通常没有内容。

表4-12-1　HTTP请求报文的方法

方法（操作）	意　义
OPTION	请求一些选项的信息
GET	请求读取由 URL 所标志的信息
HEAD	请求读取由 URL 所标志的信息的首部
POST	给服务器添加信息（如注释）
PUT	在指明的 URL 下存储一个文档

方法（操作）	意　义
DELETE	删除指明的 URL 所标志的资源
TRACE	用来进行环回测试的请求报文
CONNECT	用于代理服务器

以下为 IE 浏览器发出的一个 HTTP GET 请求报文。

GET ／ index.htm HTTP ／ 1.1　　//向服务器请求发送 index.htm 文档

-------------------- 以上为请求行 --------------------

Accept：image/gif，image/x-xbitmap，image/jpeg，image/pjpeg，*/*

　　　　　　　　　　　　　　　//服务器能够接受的图片格式

Accept-language：zh-cn　　　//服务器接受的语言

Accept-Encoding：gzip，deflate　//服务器的编码模式

User-Agent：Mozilla/4.0(compatible；MSIE 6.0；Windows NT 5.1；SV1；.
NET CLR 1.1.4322)　　　　　//客户端使用的浏览器

Host：192.168.0.1　　　　　//服务器的 IP 地址

Connection：Keep-Alive　　　//TCP 连接状态

----------------- 以上为首部行的各个字段 --------------------

----------------- 该报文中没有实体主体 --------------------

（2）HTTP 响应报文。

服务器收到客户端的请求后，会向客户端返回一个 HTTP 响应报文。响应报文的第一行为状态行，包含了服务器使用的 HTTP 版本，一个 3 位的状态码指示请求是否成功，一个字符串表示给出的状态的解释短语。HTTP 的响应代码有 5 种，见表 4-12-2 所列。接下来是首部行，包括服务器、页面信息，如页面最后的修改时间、文件大小、文件类型、编码方法等，每一行表示一个属性，以回车换行结束。最后是实体主体，一般来说是客户端请求的 html 文档。

表4-12-2　HTTP的5种响应代码

代　码	类　型	原因示例
1XX	信息	请求接收，继续处理
2XX	成功	请求被成功接收、理解、接受
3 XX	重定向	为完成请求所需的进一步行为
4XX	客户错误	请求语法错或不能实施
5XX	服务器错误	服务器不能响应一个有效的请求

以下为 Web 服务器的 HTTP 响应报文。

HTTP ／ 1.1 200 OK 　　　　　　//HTTP 版本 代码 短语

———————————— 以上是状态行 ————————————

Server：Microsoft-IIS ／ 5.0 　　// 服务器的操作系统及 IIS 软件版本

X-Powered-By：ASP.NET 　　　// 网站由 asp.net 开发

Date：Wed，25 Oct 2020 10：10：52 GMT 　//日期时间

Content-Type：text ／ html 　　　　　// 文档类型

Accept-Ranges：bytes 　　　　　　// 文档发送以字节为单位

Last-Modified：Wed，25 Oct 2006 10：02：12 GMT 　　// 文 档 修 改时间

ETag："0aaf2a31cf8c61：1266" 　　　　// 标记

Content-Length：232 　　　　　　　// 主体内容长度

———————————— 以上是首部行 ————————————

<html>

<head>

<meta http-equiv= "Content-Type" content= "text/html ; charset=gb2312" >

<title>Ethereal Test</title>

</head>

<body>

<img src= "log01.gif" >

<h1>Http 测试 </h1><hr>

news is not new.

</body>

</html>   // 网页内容

——————————————— 以上为实体主体 ———————————————

HTTP 协议除了可以传输类似于 html 这样的文本文件，也可以传输图像、视频等二进制文件。在传输这些非文本文件时采用 MIME(Multipurpose Internet Mail Extensions) 多功能 Internet 邮件扩展编码。

2.HTTP 高速缓存

为了减少网络流量，浏览器通常在本计算机上临时保存一些已访问过的文件，当再次访问这些文件的时候，如果这些文件在服务器上没有修改，则直接使用本地保存的文件副本。这种方式可以大大提高浏览器的访问速度。那么浏览器如何知道哪些缓存文件已经被修改过，哪些文件没有修改呢？在 HTTP 协议中，在首次访问一个页面或相关资源时，服务器会返回这些页面或文件的最新修改时间。当浏览器需要再次访问这些文件时，在 HTTP 请求头部中加入"If-Modified-Since"首部，表明本地副本的最后修改时问。服务器在接收到该请求后，判断该文件在"If-Modified-Since"时间后有无修改，如果没有，则服务器不发送该文件，而是返回"HTTP / 1.0 304 Use local copy"，通知客户可以使用本地保存的副本。

3.Cookie

HTTP 协议是无状态的。对服务器来说同一用户先后访问的两个页面之间是不相关的。但在实际应用中需要保持页面之间的关系，如用户先通过一个登录页面后，再访问其余页面。那么如何将登录页面中登录的用户及登录成功信息传到其他页面呢？一种方法是在服务器的页面上保留客户访问信息（如 asp 中的 Session），另一种方法是在客户端中保存 Session 信息，每次浏览器在请求页面时都把这些信息夹带在请求信息中，这样服务器就可以获得上次页面产生的数据了，这些数据被称为 Cookie 信息。服务器能够在 Cookie 中存储任何信息。

Cookie 是如何保存到客户的机器上呢？当客户端第一个 HTTP 请求发出时，服务器在返回的 HTTP 响应中包含了"Set-Cookie"首部，其中包含了 Cookie 的值以及过期时间。当浏览器发出后面的 HTTP 请求时，就会把相应的 Cookie 包含在 HTTP 请求的首部，这样服务器就可以获取 Cookie 的内容。

4.Wireshark 软件

Wireshark 软件的前身是 Ethereal 软件，它的主要功能是在网络接口上摘取网络数据包，并且使用数据分析工具将数据包转换为 ASC Ⅱ码，供网络管理人员分析。

Wireshark 软件不是一个入侵侦测工具（IDS），对于网络的入侵行为不会发出报警和任何提示，但是网络管理员可以通过它来分析网络行为，它能够在网络上摘取数据包，但是不能修改和发送数据包。网络开发人员可以使用 Wireshark 软件观察自己开发的网络项目中，相关协议数据包交换工程中的状态和问题。网络安全管理人员也可以使用 Wireshark 检查网络安全问题。

Wireshark 软件的使用过程为：

（1）安装和启动 Wireshark。

（2）选择捕获接口。如果主机有多个网络接口在传输数据，此时要选择正确的接口才能捕获到相关数据。

（3）启用捕获过滤器，可以排除大量不需要的数据文件。

（4）启用显示过滤器，可以获得更加细致的数据包。

（5）创建图表，可以使用图标功能分析数据。

（6）重组数据。当原始数据过大，在发送时被分成多个数据包传输时，Wireshark 具有数据包重组的功能，还原原始数据。

（二）实验环境

一台安装了 Windows 操作系统的 PC 机，要求 PC 机连接到 Internet 上，并且安装了 Wireshark 软件（图 4-12-2）。

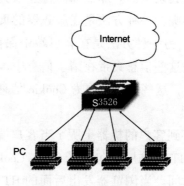

图 4-12-2　实验组网图

（三）实验步骤

1. 利用 Wireshark 来观察 HTTP 请求及响应过程

（1）启动 Wireshark 设置过滤器。

在 PC 桌面或开始菜单中选择 Wireshark 图标，双击运行。选择使用这个过滤器：输入【port 80】，如图 4-12-3 所示。

图 4-12-3　选择过滤器

（2）设置捕获数据包的相关参数。

①菜单【捕获】→【选项】。

②【输入】→【接口】→在列表框里选中要监视的本地网络适配器→【所选择接口的捕获过滤器】输入："tcp port http"→【开始】：开始捕获数据包。如图 4-12-4 所示。

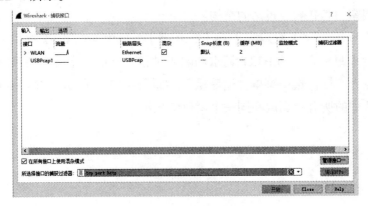

图 4-12-4　网络接口设置

（3）在 PC 上打开浏览器，访问 Web 服务器。

①在浏览器地址栏中输入 Web 站点的域名，如"http://www.baidu.com"。

②在百度主页中搜索框中输入"Wireshark",点击"搜索"按钮,完成后关闭浏览器。

③【捕获】→【停止】,在 Wireshark 的捕捉窗口中的"停止"按钮停止数据包捕捉(图 4-12-5)。

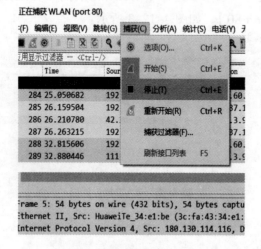

图 4-12-5　停止抓包

(4)查看并保存捕获的数据包(图 4-12-6):

①观察 HTTP 请求报文的结构。

②观察 HTTP 响应报文的结构。

③【分析】→【跟踪流】→【TCP 流】:利用 Wireshark 提供的"追踪流"功能来跟踪完整的 HTTP 请求和响应过程。选中任意一个捕获的 TCP 数据包,点击右键,选中菜单"追踪流",如图 4-12-7 所示。该工具会把本次 TCP 会话中的所有数据放在同一个窗口中显示。

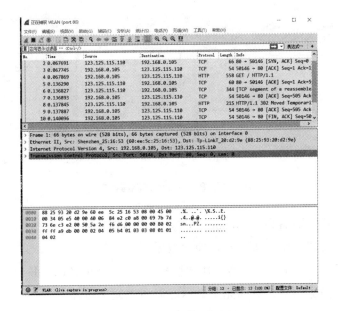

图 4-12-6　获取数据包

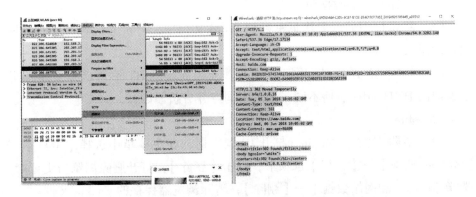

图4-12-7　Wireshark 提供的"追踪流"窗口分析数据包

（5）将窗口中的内容拷贝粘贴到 Word 文档中。分析并记录每一行数据内容的意义。

2.HTTP 高速缓存

（1）清除浏览器缓存文件。打开 IE 浏览器，在主菜单中选择【工具】→【Internet 选项】→【常规】选项卡中点击【删除】，打开删除浏览历史记录，选择【临时 Internet 文件和网站文件】→【删除】，清除浏览器缓存的文件（图4-12-8）。

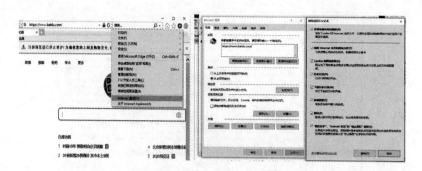

图 4-12-8　清除浏览器缓存文件

（2）设置过滤器为"tcp port 80"，捕捉 HTTP 数据。

（3）点击"开始"按钮开始捕捉数据包。

（4）在 PC 上打开浏览器，在地址栏中输入"http://www.baidu.com"。

（5）当浏览器中，页面完全显示好以后关闭浏览器。

（6）点击 Wireshark 的捕捉窗口中的"停止"按钮，停止数据包捕捉。

（7）保存捕获的数据包。

（8）将窗口中的内容拷贝粘贴到 Word 文档中，分析并记录每一行数据内容的意义。

（9）比较前后两次访问同一个页面浏览器发出的 HTTP 请求与 Web 服务器返回的 HTTP 响应有何不同，记录不同点并分析原因。

3.Cookie

（1）清除浏览器 Cookie。打开 IE 浏览器，在主菜单中选择【工具】→【Internet 选项】→【常规】选项卡，点击【删除】，打开删除浏览历史记录，选择【cookie 和网站数据】→【删除】，清除浏览器保存的 Cookie 文件。

（2）设置过滤器为"tcp port 80"，捕捉 HTTP 数据。

（3）点击"开始"按钮，开始捕捉数据包。

（4）在 PC 上打开浏览器，在地址栏中输入"http://www.baidu.com"。

（5）当浏览器中，页面完全显示好以后关闭浏览器。

（6）点击 Wireshark 的捕捉窗口中的"停止"按钮，停止数据包捕捉。

（7）保存捕获的数据包。

（8）利用 Wireshark 中的"追踪流"工具查看捕获的数据包中与 cookie 相关的部分。

（9）将窗口中的内容拷贝粘贴到 Word 文档中，分析并记录每一行数据内容的意义。

（10）比较前后两次访问同一个页面浏览器发出的 HTTP 请求与 Web 服务器返回的 HTTP 响应有何不同，记录不同点并分析原因。

四、实验报告要求

（1）按照实验步骤的要求，记录实验过程，分析实验结果。

（2）记录实验中出现的问题和解决的方法。

（3）记录本次实验的过程。

五、思考题

（1）简述 HTTP 报文的种类和结构。

（2）在浏览器访问服务器过程中，只建立一条 TCP 连接吗？为什么？

（3）Cookie 的作用是什么？

（4）在浏览器访问 http://www.baidu.com 网站的过程中，分析 HTTP 协议的工作过程。

（5）记录 HTTP 的服务器与主机之间 Cookie 的使用过程。

参考资料

[1] 谢希仁 . 计算机网络 [M].7 版 . 北京：电子工业出版社，2017.

[2] 史蒂文斯 W R. TCP/IP 详解　卷 1：协议 [M].范建华，胥光辉，张涛，等译 . 北京：机械工业出版社，2000.

[3] 安德鲁 S T. 计算机网络 [M]. 4 版 .潘爱民，译 . 北京：清华大学出版社，2004.

[4] 库罗斯 J F，罗斯 K W.计算机网络——自顶向下方法与 Internet 特色 . 申震杰，王金伦，杜江，译 . 北京：清华大学出版社，2003.

[5] 雷震甲 . 网络工程师教程 .5 版 . 北京：清华大学出版社，2018.

[6] 柴方艳 . 服务器配置与应用 .3 版 . 北京：电子工业出版社，2018.

[7] 华为技术有限公司 . Quidway S3500 系列以太网交换机配置手册 [Z]. 2006.

[8] 杭州华三通信技术有限公司 . H3C MSR20 系列路由器配置手册 [Z]. 2008.

[9] 杭州华三通信技术有限公司 . H3C MSR20 系列路由器命令手册 [Z]. 2008.